普通高等教育船舶与海洋工程学科"十三五"规划系列教材

电力电子及电工实训教程

主　编　谢远党
副主编　孙世忠　张　华
　　　　叶继英　张存喜

U0429150

华中科技大学出版社
中国·武汉

内 容 简 介

本书主要包括电力电子技术实验、电机控制实验、电子线路实训及电力电子技术课程设计。全书共 6 章，第 1 章为电力电子技术及电机控制实验装置简介，第 2 章为电力电子技术实验，第 3 章为直流电机调速控制实验，第 4 章为变频调速实验，第 5 章为电子线路实训，第 6 章为电力电子技术课程设计。

本书与杭州天科教仪、天煌教仪生产的电力电子技术及电机控制实验装置相配套，可作为电力电子技术实验教材，也可作为电子技术课程设计、电工考证培训参考书。

图书在版编目(CIP)数据

电力电子及电工实训教程／谢远党主编．—武汉：华中科技大学出版社，2020.8
ISBN 978-7-5680-6208-4

Ⅰ.①电… Ⅱ.①谢… Ⅲ.①电力电子技术-教材②电工技术-教材 Ⅳ.①TM

中国版本图书馆 CIP 数据核字(2020)第 149392 号

电力电子及电工实训教程

Dianli Dianzi ji Diangong Shixun Jiaocheng

谢远党　主编

策划编辑：万亚军
责任编辑：万亚军
封面设计：刘　卉
责任校对：刘　竣
责任监印：周治超

出版发行：华中科技大学出版社(中国·武汉)　　电话：(027)81321913
　　　　　武汉市东湖新技术开发区华工科技园　　邮编：430223
录　　排：武汉三月禾传播有限公司
印　　刷：武汉科源印刷设计有限公司
开　　本：787mm×1092mm　1/16
印　　张：5.5
字　　数：134 千字
印　　次：2020 年 8 月第 1 版第 1 次印刷
定　　价：29.80 元

本书若有印装质量问题，请向出版社营销中心调换
全国免费服务热线：400-6679-118　　竭诚为您服务
版权所有　侵权必究

前　言

随着电力电子技术的发展和教学改革的不断深入，为了提高学生实践能力，培养学生创新能力，我们结合多年来电力电子技术实践性教学环节的改革经验，参考高等院校电力电子技术、电力拖动自动控制系统等课程实训大纲的要求，充分考虑电力电子技术的现状和发展趋势，综合了目前国内各类学校电力电子、交直流调速、交流变频、电机控制、控制理论、电工培训等实验实训项目，以及多年的电工考证培训经验，编写了本书。

本书与杭州天科教仪、天煌教仪生产的电力电子技术及电机控制实验装置相配套，可作为电力电子技术实验教材，也可作为电力电子技术课程设计、电工考证培训参考书。

本书包括电力电子技术实验、电机控制实验、电子线路实训及电力电子技术课程设计。全书共6章，第1章为电力电子技术及电机控制实验装置简介，第2章为电力电子技术实验，第3章为直流电机调速控制实验，第4章为变频调速实验，第5章为电子线路实训，第6章为电力电子技术课程设计。

本书由多位作者共同编写，由多个单位共同合作完成。本书主编谢远党负责全书架构构建，以及全书稿件校对工作和部分内容的完善修改工作，副主编孙世忠负责本书第2章内容的编写和部分内容核查工作，副主编张华负责本书第3章、第5章内容编写工作，副主编叶继英负责本书第1章内容编写及第一稿校对工作，副主编张存喜负责本书第4章、第6章编写工作。本书由浙江海洋大学、舟山市普陀丰科电器设备科技有限公司等单位共同合作完成，并得到了浙江海洋大学船机学院、浙江海洋大学教务处、浙江海洋大学继续教育学院、舟山市普陀丰科电器设备科技有限公司等单位及部门的大力支持。

在编写本书过程中，参考了相关教材及资料，听取、采纳了许多同志提出的宝贵意见，得到出版社同志鼎力支持，在此感谢浙江海洋大学等单位的大力支持，同时也感谢华中科技大学出版社的大力支持。

由于时间和水平有限，书中难免有不足之处，恳请专家和广大读者提出宝贵意见和建议。

编　者

2019年11月

目 录

第 1 章　电力电子技术及电机控制实验装置简介 ……………………………………… (1)

　1.1　控制屏介绍及操作说明 …………………………………………………………… (1)

　1.2　DQ-1(DJK01)电源控制屏 ………………………………………………………… (1)

　1.3　主要挂件功能介绍 ………………………………………………………………… (3)

第 2 章　电力电子技术实验 ……………………………………………………………… (14)

　实验 2.1　单结晶体管触发电路实验 …………………………………………………… (14)

　实验 2.2　单相半波可控整流电路实验 ………………………………………………… (15)

　实验 2.3　三相半波可控整流电路实验 ………………………………………………… (18)

　实验 2.4　三相桥式半控整流电路实验 ………………………………………………… (20)

　实验 2.5　三相桥式全控整流电路及有源逆变电路实验 ……………………………… (23)

　实验 2.6　直流斩波电路实验 …………………………………………………………… (26)

　实验 2.7　单相斩控式交流调压电路实验 ……………………………………………… (29)

第 3 章　直流电机调速系统实验 ………………………………………………………… (33)

　实验 3.1　晶闸管直流调速系统参数和环节特性的测定实验 ………………………… (33)

　实验 3.2　单闭环直流调速系统实验 …………………………………………………… (36)

　实验 3.3　双闭环直流调速系统实验 …………………………………………………… (38)

第 4 章　变频调速实验 …………………………………………………………………… (44)

　实验 4.1　三相 SPWM 变频调速实验 ………………………………………………… (45)

　实验 4.2　三相马鞍波 PWM 变频调速实验 …………………………………………… (46)

　实验 4.3　三相 SVPWM 变频调速实验 ………………………………………………… (47)

　实验 4.4　SPWM、马鞍波 PWM、SVPWM 调制方式下 V/f 曲线测定 …………… (48)

　实验 4.5　三相 SPWM、马鞍波 PWM、SVPWM 变频调速系统实验 ……………… (49)

　实验 4.6　采用 SPWM 的开环变压变频调速系统实验 ……………………………… (50)

第5章 电子线路实训 …………………………………………………………(59)

  5.1 常用电工仪表 ……………………………………………………………(59)
  5.2 电子线路焊接 ……………………………………………………………(65)
  5.3 电子电路之单结晶体管调光电路制作 …………………………………(70)
  5.4 电子电路之 RC 阻容放大电路制作 ……………………………………(72)
  5.5 电子电路之触摸延时照明电路制作 ……………………………………(73)
  5.6 电子电路之不可重触发电路制作 ………………………………………(73)
  5.7 电子电路之桥式振荡电路制作 …………………………………………(74)
  5.8 电子电路之晶体管稳压电路制作 ………………………………………(75)
  5.9 ISD1820 电源电路设计 …………………………………………………(76)
  5.10 555 延时电路设计 ………………………………………………………(77)

第6章 电力电子技术课程设计 ……………………………………………………(79)

  6.1 电力电子技术课程设计的目的和要求 …………………………………(79)
  6.2 电力电子技术课程设计选题 ……………………………………………(80)

参考文献 ……………………………………………………………………………(81)

第 1 章　电力电子技术及电机控制实验装置简介

1.1　控制屏介绍及操作说明

1.1.1　实验装置的特点

（1）实验装置采用挂件结构，可根据不同实验内容进行自由组合，故结构紧凑、使用方便、功能齐全、综合性能好，能在一套装置上完成电力电子技术、自动控制系统、直流调速系统、交流调速系统、电机控制，以及控制理论等课程所开设的主要实验。

（2）实验装置占地面积小，节约实验室用地，无须设置电源控制屏、电缆沟、水泥墩等，可减小基建投资；实验装置只需三相四线的电源即可投入使用，实验室建设周期短、见效快。

（3）实验机组容量小，耗电量小，配置齐全；装置使用的电动机经过特殊设计，能模拟 3 kW 左右的通用实验机组的参数特性。

（4）装置布局合理，外形美观，面板示意图明确、清晰、直观；实验连接线采用强、弱电分开的手枪式插头，两者不能互插，避免强电接入弱电设备，造成该设备损坏；电路连接方式安全、可靠、迅速、简便；除电源控制屏和挂件外，还设有实验桌，桌面上可放置机组、示波器等实验仪器，操作舒适、方便。电动机采用导轨式安装形式，更换机组简捷、方便；实验台底部安有轮子和不锈钢固定调节机构，便于移动和固定。

（5）控制屏供电采用三相隔离变压器隔离，设有电压型漏电保护装置和电流型漏电保护装置，能切实保护操作者的安全，为开放性的实验室创造了安全条件。

（6）挂件面板分为三种接线孔，强电、弱电及波形观测孔，三者有明显的区别，不能互插。

（7）实验线路选择紧跟教材的变化，配合教学内容，满足教学大纲要求。

1.1.2　技术参数

（1）输入电压：三相四线制，380×(1±10%)V，50 Hz。
（2）工作环境：环境温度范围为 -5～40 ℃，相对湿度小于 75%，海拔小于 1 500 m。
（3）装置容量：小于 1.5 kVA。
（4）电动机输出功率：小于 200 W。

1.2　DQ-1(DJK01)电源控制屏

电源控制屏（见图 1-1）主要为实验提供各种电源，如三相交流电源、直流励磁电源等。屏上还设有定时器与报警记录仪，供教师考核学生实验之用；在控制屏正面的大凹槽内，设有两根不锈钢管,可挂置实验所需挂件,凹槽底部设有十二芯、十芯、四芯、三芯插座,提供挂件所需电源;在控制屏两边设有单相三极 220 V 电源插座及三相四极 380 V 电源插座,此外还设有供实验台照明用的 40 W 日光灯。

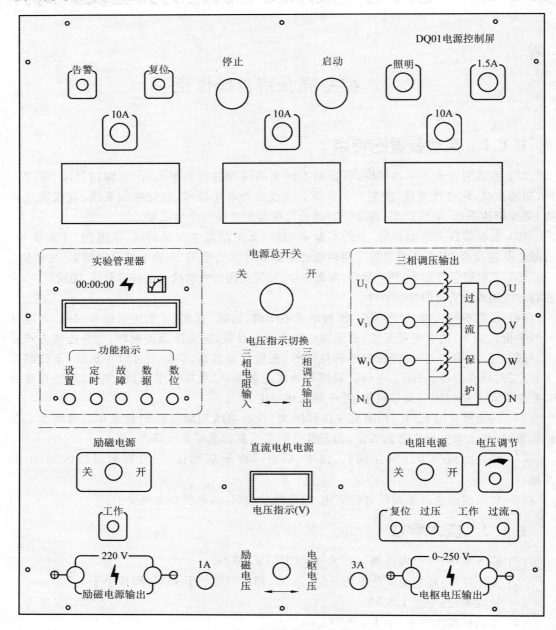

图 1-1　电源控制屏面板图

1. 三相电网电压指示

三相电网电压指示主要用于检测输入的电网电压是否有缺相的情况。操作交流电压表下面的切换开关,可观测三相电网各线间电压是否平衡。

2. 定时器与报警记录仪

定时器与报警记录仪是专门为方便教师考核学生的实验能力而设计的,可以调整考核时间,到达设定时间时可自动断开电源。

(1) 操作方法。

① 开机,显示当前时钟。

② 设置键:当按设置键时,时钟不走动,表示可以输入定时时间,按数位键把小数点移到要修改的位置,按数据键,让数码管显示当前所需值,末位输入 9,再按设置键,显示"666666"表明设置成功。当显示"555555"时,表示操作有错,重新输入。

注意:每位数码管都要输入数据才可靠有效。

③ 定时键:利用定时键可查询当前定时时间。

④ 故障键:利用故障键可查询当前故障。

⑤ 告警次数记录查询:按功能键,使右 1 位显示"3",再按确认键,则右 3 至右 1 位显示"000",表明告警次数已清零。按功能键,使右 1 位显示"5",再按确认键,显示器的右 3 至右 1 位将显示已出现故障告警的次数。

⑥ 时钟显示:按功能键,使右 1 位显示"7",再按确认键,显示器的六位数码管将显示当前的时间(时、分、秒)。

(2) 运行提示。

① 当计时时间到达所设定的结束(报警)时间时,机内蜂鸣器会鸣叫 1 分钟。再过 4 分钟,机内接触器跳闸。如果按本表的复位键,再按本装置的启动按钮,则重复鸣叫 1 分钟,再过 4 分钟跳闸。

② 跳闸后,切断本装置的总电源,10 秒后重新启动本装置。

3. 电源控制部分

电源控制部分由电源总开关、启动按钮及停止按钮组成,它的主要功能是控制电源控制屏的各项功能。当打开电源总开关时,红灯亮;按下启动按钮后,红灯灭,绿灯亮,此时控制屏的三相主电路及励磁电源都有电压输出。

4. 三相主电路输出

三相主电路输出可提供三相可调的交流电源。在 A、B、C 三相附近装有黄、绿、红发光二极管,用以指示输出电压。同时在主电源输出回路中还装有电流互感器,电流互感器可测定主电源输出电流的大小,供电流反馈和过流保护使用。

5. 励磁电源

在按下启动按钮后将励磁电源开关拨向"开"侧,则励磁电源输出 220 V 的直流电压,并有发光二极管指示输出是否正常。励磁电源的容量有限,仅为直流电动机提供励磁电流,因此一般不能作为大电流的直流电源使用。

1.3 主要挂件功能介绍

下面以挂件的编号次序分别介绍其使用方法,并简单说明其工作原理及单元电路原理。

1.3.1 DK03(DJK03-1)晶闸管主电路挂件

该挂件装有 12 只晶闸管、直流电压表和电流表等,其面板如图 1-2 所示。

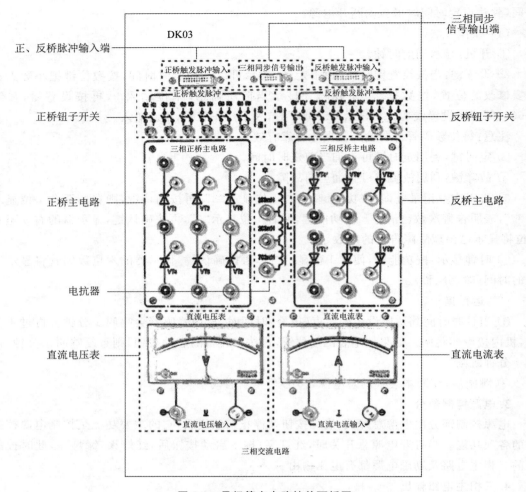

图 1-2 晶闸管主电路挂件面板图

1. 三相同步信号输出端

同步信号是从电源控制屏内获得的,屏内装有△/Y 接法的三相同步变压器,和主电源输出同相,其输出相电压幅度为 15 V 左右,供 DK04-1 内的 KC04 集成触发电路产生移相触发脉冲;只要将本挂件的十二芯插头与屏相连接,则其输出端输出相位一一对应的三相同步电压信号;接口的详细情况参见有关资料。

2. 正、反桥脉冲输入端

从 DK03 来的正、反桥触发脉冲分别通过输入接口加到相应的晶闸管电路上;接口的详细情况参见有关资料。

3. 正、反桥钮子开关

从正、反桥脉冲输入端来的触发脉冲信号通过正、反桥钮子开关接至相应晶闸管的门极和阴极。面板上共设有 12 个钮子开关,分为正、反桥两组,分别控制对应的晶闸管的触发脉冲。开关打到"通"侧,触发脉冲接到晶闸管的门极和阴极;开关打到"断"侧,触发脉冲被切断。通过钮子开关的拨动可以模拟晶闸管失去脉冲的故障情况。

4. 三相正、反桥主电路

正桥主电路和反桥主电路分别由 6 个规格为 5 A/1 000 V 的晶闸管组成,其中 VT_1 ～

VT₆组成正桥元件（一般不可逆、可逆系统的正桥使用正桥元件），VT$_{1'}$～VT$_{6'}$组成反桥元件（可逆系统的反桥及需单个或几个晶闸管的实验可使用反桥元件）。上述晶闸管元件均配有阻容吸收及快速熔断丝以作保护装置，实验主回路中所使用的平波电抗器装在电源控制屏内，其各引出端通过十二芯的插座连接到DK03面板的中间位置，有3挡电感量可供选择，分别为100 mH、200 mH、700 mH（各挡在1 A电流下能保持线性特性），可根据实验需要选择合适的电感值。电抗器回路中串有3 A保护熔丝，熔丝座装在电抗器旁。

1.3.2 DK04-1（DJK03-1）晶闸管触发电路挂件

该挂件装有三相触发电路和正反桥功放电路等，其面板如图1-3所示。

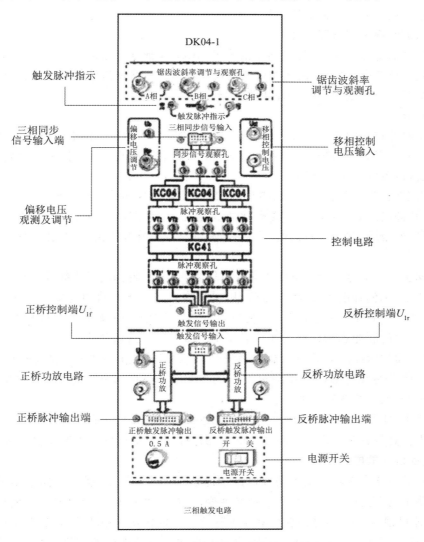

图1-3 三相晶闸管触发电路挂件面板图

1. 移相控制电压U_{ct}及偏移电压U_b观测及调节

U_{ct}及U_b用于控制触发电路的移相角；在一般的情况下，首先将U_{ct}接地，调节U_b，以确定触发脉冲的初始位置；初始触发角定下后，在以后的调节中只调节U_{ct}，这样可确保移相角不会大于初始位置;在逆变实验中初始移相角 α=150°定下后,无论如何调节 U_{ct},都能保证 β > 30°,防止出现逆变颠覆的情况。

2. 触发脉冲指示

在触发脉冲指示处设有钮子开关,用以控制触发电路。钮子开关拨到左边,绿色发光管亮,在触发脉冲观察孔处可观测到后沿固定而前沿可调的宽脉冲链;钮子开关拨到右边,红色发光管亮,触发电路产生互差 60°的双窄脉冲。

3. 三相同步信号输入端

通过专用的十芯扁平线将 DK03 上的三相同步信号输出端与 DK04-1 三相同步信号输入端连接,为其内部的触发电路提供同步信号;同步信号也可以从其他地方获取,但要注意相序的问题。接口的详细情况详见相关资料。

4. 锯齿波斜率调节与观测孔

打开挂件的电源开关,由外接同步信号经 KC04 集成触发电路产生三路锯齿波信号,调节相应的斜率调节电位器,可改变相应的锯齿波斜率。三路锯齿波斜率应保证基本相同,使六路触发信号同时出现,且双窄脉冲间隔基本一致。

5. 控制电路

控制电路原理如图 1-4 所示。在原 KC04、KC41 和 KC42 三相集成触发电路的基础上增加 4066、4069 芯片,可产生三相六路互差 60°的双窄脉冲或三相六路后沿固定、前沿可调的宽脉冲链,供触发晶闸管使用。

在面板上设有三相同步信号观测孔、两路触发脉冲观测孔。$VT_1 \sim VT_6$ 为单脉冲观测孔(在触发脉冲指示为"窄脉冲")或宽脉冲观测孔(在触发脉冲指示为"窄脉冲");$VT_{1'} \sim VT_{6'}$ 为双脉冲观测孔(在触发脉冲指示为"窄脉冲")或宽脉冲观测孔(在触发脉冲指示为"窄脉冲")。

三相同步电压信号从每个 KC04 的 8 脚输入,在其 4 脚相应形成线性增加的锯齿波,移相控制电压 U_{ct} 和偏移电压 U_b 经叠加后,从 9 脚输入。当触发脉冲选择的钮子开关拨到窄脉冲侧时,通过控制 4066(电子开关),使得每个 KC04 从 1、15 脚输出相位相差 180°的单窄脉冲(可在上面的脉冲观测孔观测到),窄脉冲经 KC41(六路双脉冲形成器)后得到六路双窄脉冲(可在下面的脉冲观测孔观测到)。将钮子开关拨到宽脉冲侧时,通过控制 4066,使得 KC04 的 1、15 脚输出宽脉冲,同时将 KC41 的控制端 7 脚接高电平使 KC41 停止工作,宽脉冲则通过 4066 的 3、9 脚直接输出。

4069 为反相器,将部分控制信号反相,控制 4066;KC42 为调制信号发生器,可对窄脉冲和宽脉冲进行高频调制。KC04、KC41、KC42 的内部电路原理图请查阅相关资料。

6. 正、反桥功放电路

以正桥的一路为例,正、反桥功放电路的原理如图 1-5 所示:触发电路输出的脉冲信号经功放电路中的 V_2、V_3 三极管放大后由脉冲变压器 T_1 输出,U_{1f} 即为 DK04-1 面板上的 U_{1f},U_{1f} 端接地才可使 V_3 工作,脉冲变压器输出脉冲。正桥共有 6 路功放电路,其余的 5 路电路完全与图 1-5 所示的这一路一致。反桥功放电路和正桥功放电路完全一致,只是控制端不一样,将 U_{1f} 端替换为了 U_{1r} 端。

7. 正桥控制端(U_{1f} 端)及反桥控制端(U_{1r} 端)

这两个端子用于控制正反桥功放电路的工作状态。端子与地短接,表示功放电路工作,触发电路产生的脉冲经功放电路从正反桥脉冲输出端输出;端子悬空,表示功放电路不工

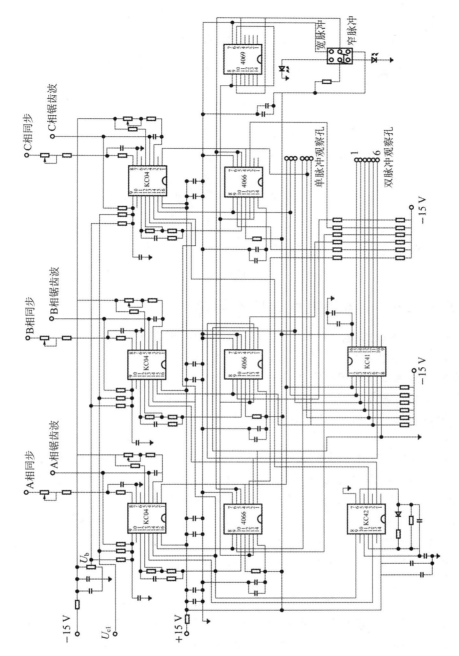

图 1-4 控制电路原理图

作。U_{1f}端用于控制正桥功放电路，U_{1r}端用于控制反桥功放电路。

8. 正、反桥脉冲输出端

对于经功放电路放大的触发脉冲，通过专用的二十芯扁平线将 DK03 正反桥脉冲输入端与 DK04-1 上的正反桥脉冲输出端连接，为其晶闸管提供相应的触发脉冲。接口的详细情况详见相关资料。

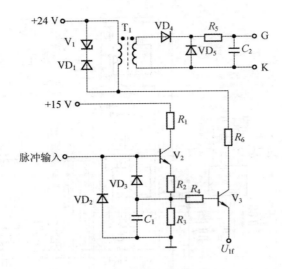

图 1-5 功放电路原理图

1.3.3 DK06 电动机调速控制电路挂件

DK06 挂件主要完成电动机调速控制实验,如单闭环直流调速实验、双闭环直流调速实验,其面板如图 1-6 所示。下面介绍实验中常用的电路。

1. 电流反馈与过流保护电路

电流反馈与过流保护电路有两个功能:一是检测主电源输出的电流反馈信号,二是当主电源输出电流超过某一设定值时发出过流信号切断电源。电流反馈与过流保护回路原理如图 1-7 所示。

TA_1、TA_2、TA_3 为电流互感器的输出端,其电压高低反映三相主电路输出的电流大小。面板上的三个圆孔均为观测孔,不需在外部进行接线,只要将 DK06 挂件的十芯电源线与插座相连接,TA_1、TA_2、TA_3 就与屏内的电流互感器输出端相连。打开挂件电源开关,过流保护电路即处于工作状态。

(1) 电流反馈与过流保护的输入端 TA_1、TA_2、TA_3 来自电流互感器的输出端,反映负载电流大小的电压信号经三相桥式整流电路整流后加至由 R_{P1}、R_{P2}、R_1、R_2 及 VD_7 组成的三条支路上,其中:

① R_2 与 VD_7 并联后再与 R_1 串联,在其中点取零电流检测信号并从 1 脚输出,供零电平检测用。当电流反馈的电压比较低的时候,1 端的输出由 R_1、R_2 分压所得,VD_7 截止。当电流反馈的电压升高的时候,1 端的输出也随着升高。当输出电压接近 0.6 V 时,VD_7 导通,使输出始终保持在 0.6 V 左右。

② 将 R_{P1} 的滑动触头端输出作为电流反馈信号,从 2 端输出,电流反馈系数由 R_{P1} 调节。

③ R_{P2} 的滑动触头与过流保护电路相连,调节 R_{P2} 可调节过流动作电流的大小。

(2) 当电路开始工作时,由于电容 C_2 的存在,V_3 先与 V_2 导通,V_3 的集电极处于低电位,V_4 截止,同时通过 R_4、VD_8 将 V_2 基极电位拉低,保证 V_2 一直处于截止状态。

(3) 当主电路电流超过某一数值时,R_{P2} 上取得的过流电压大小超过稳压管 V_1 的稳压值,击穿稳压管,使三极管 V_2 导通,从而使 V_3 截止、V_4 导通,进而使继电器 K 动作,控制屏内的主继电器掉电,切断主电源,挂件面板上的声光报警器发出告警信号,提醒操作者实验

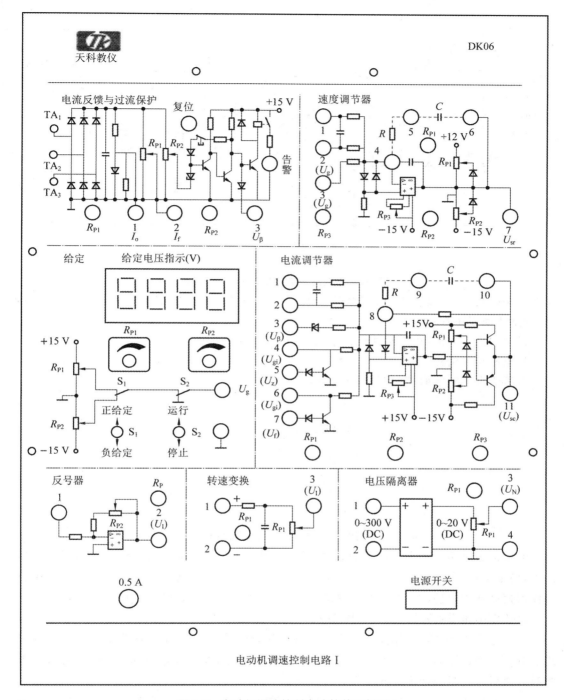

图 1-6 电动机调速控制电路挂件面板图

装置已过流跳闸。调节 R_{P2} 的滑动触头的位置,可得到不同的电流报警值。

(4) 过流的同时,V_3 由导通变为截止,在集电极产生一个高电平信号从"3"端输出,作为 β 信号供电流调节器使用。

(5) SB 为解除过流记忆的复位按钮,若过流故障已经排除,则须按下 SB 以解除记忆,恢复正常工作。过流动作后,电源通过 SB、R_4、VD_8 及 C_2 维持 V_2 导通,V_3 截止,V_4 导通,

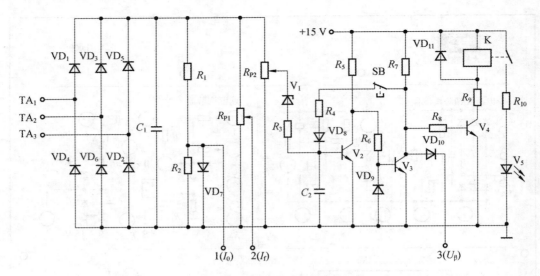

图 1-7　电流反馈与过流保护电路原理图

继电器保持吸合,持续告警。只有按下 SB 后,V_2 基极失电进入截止状态,V_3 导通,V_4 截止,电路才恢复正常。

元件 R_{P1}、R_{P2}、SB 均安装在该挂箱的面板上,以方便操作。

2. 电压给定电路

电压给定电路的原理如图 1-8 所示。

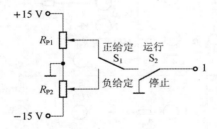

图 1-8　电压给定电路原理图

电压给定电路由两个电位器 R_{P1}、R_{P2} 及两个钮子开关 S_1、S_2 组成。S_1 为正、负极性切换开关,输出的正、负电压的大小分别由 R_{P1}、R_{P2} 来调节,其输出电压范围为 $-15\sim+15$ V;S_2 为输出控制开关(打到"运行"侧,允许电压输出;打到"停止"侧,则输出电压为零)。

可按以下步骤拨动 S_1、S_2,获得相应信号。

(1) 将 S_2 打到"运行"侧,S_1 打到"正给定"侧,调节 R_{P1} 使给定电路输出一定的正电压。拨动 S_2 到"停止"侧,此时可获得从正电压突跳到 0 V 的阶跃信号;再拨动 S_2 到"运行"侧,此时可获得从 0 V 突跳到正电压的阶跃信号。

(2) 将 S_2 打到"运行"侧,S_1 打到"负给定"侧,调节 R_{P2} 使给定电路输出一定的负电压。拨动 S_2 到"停止"侧,此时可获得从负电压突跳到 0 V 的阶跃信号;再拨动 S_2 到"运行"侧,此时可获得从 0 V 突跳到负电压的阶跃信号。

(3) 将 S_2 打到"运行"侧,拨动 S_1,分别调节 R_{P1} 和 R_{P2},使给定电路输出一定的正负电压。当 S_1 从"正给定"侧打到"负给定"侧时,得到从正电压到负电压的跳变信号;当 S_1 从"负给定"侧打到"正给定"侧时,得到从负电压到正电压的跳变信号。

元件 R_{P1}、R_{P2}、S_1 及 S_2 均安装在挂件的面板上,方便操作。此外由一只 3 位半的直流数字电压表指示输出电压值。要注意的是:不允许长时间将输出端接地,特别是当输出电压比较高的时候,输出端长时间接地可能会将 R_{P1}、R_{P2} 损坏。

3. 速度调节器电路

速度调节器电路的功能是对给定和反馈两个输入量进行加法、减法、比例、积分和微分等运算,使其输出按某一规律变化。速度调节器电路由运算放大器、输入与反馈环节及二极管限幅环节组成,其原理如图 1-9 所示。

在图 1-9 中 1、2、3 端为信号输入端,二极管 VD_1 和 VD_2 用于对运算放大器输入限幅,以保护运算放大器。二极管 VD_3、VD_4 和电位器 R_{P1}、R_{P2} 组成正负限幅可调的限幅电路。由 C_1、R_3 组成微分反馈校正环节,有助于抑制振荡,减少超调。电阻 R_7、电容 C_5 组成速度环串联校正环节,其电阻、电容均从 DK10 挂件上获得。改变 R_7 的电阻值即可改变系统的放大倍数,改变 C_5 的电容值即可改变系统的响应时间。电位器 R_{P3} 为调零电位器。

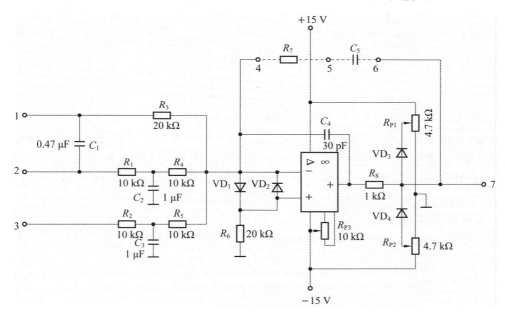

图 1-9 速度调节器电路原理图

电位器 R_{P1}、R_{P2}、R_{P3} 均安装在面板上。电阻 R_7、电容 C_1 和 C_5 两端在面板上装有接线柱,可根据需要外接电阻及电容。

4. 电流调节器电路

电流调节器电路由运算放大器、限幅电路、互补输出、输入阻抗网络及反馈阻抗网络等组成,工作原理基本上与速度调节器电路相同,其原理图如图 1-10 所示。电流调节器也可当作速度调节器使用。元件 R_{P1}、R_{P2}、R_{P3} 均装在面板上,电容 C_1、C_7 和电阻 R_{13} 的数值可根据需要由外接电容、电阻来改变。

电流调节器电路与速度调节器电路相比,增加了几个输入端,其中 3 端接 β 信号。当主电路输出过流时,3 端输出一个 β 信号(高电平),击穿稳压管,正电压信号输入运算放大器的反向输入端,调节器的输出电压下降,α 角向 180° 方向移动,使晶闸管从整流区移至逆变区,降低输出电压,保护主电路。5、7 端接逻辑控制器的相应输出端,当有高电平输入时,稳压

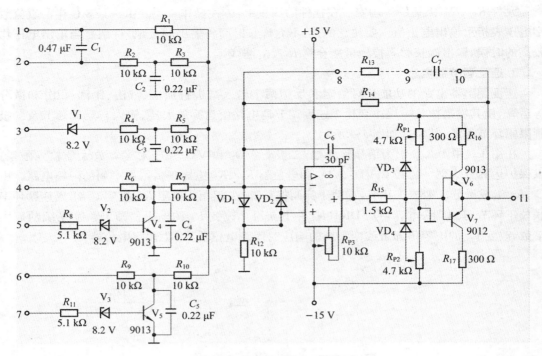

图 1-10 电流调节器电路原理图

管被击穿,三极管 V_4、V_5 导通,将相应的输入信号对地短接。在逻辑无环流实验中 4、6 端同为输入端,其输入的值正好相反,如果两路输入都有效,则两个值正好抵消,这时就需要通过 5、7 端的电压输入来控制。在同一时刻,只有一路信号输入起作用,另一路信号接地,不起作用。

5. 反号器电路

反号器电路由运算放大器及有关电阻组成,用于调速系统中信号需要倒相的场合,如图 1-11 所示。

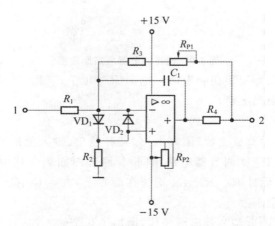

图 1-11 反号器电路原理图

反号器的输入(U_1)信号由运算放大器的反相输入端输入,故输出电压 U_2 为

$$U_2 = -(R_{P1} + R_3)/R_1 \times U_1$$

调节电位器 R_{P1} 的滑动触点,改变 R_{P1} 的阻值,使 $R_{P1} + R_3 = R_1$,则

$$U_2 = -U_1$$

输入与输出成倒相关系。电位器 R_{P1} 装在面板上,调零电位器 R_{P2} 装在内部线路板上(在出厂前运算放大器已经调零,用户不需调零)。

6. 转速变换电路

转速变换电路应用于有转速反馈的调速系统,它将反映转速变化并与转速成正比的电压信号变换成适用于控制单元的电压信号。图 1-12 为其原理图。

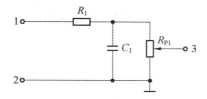

图 1-12　转速变换电路原理图

使用时,将 DQ03-1(或 DD03)导轨上的电压输出端接至转速变换的输入端 1、2。输入电压经 R_1 和 R_{P1} 分压,调节电位器 R_{P1} 可改变转速反馈系数。

第 2 章　电力电子技术实验

实验 2.1　单结晶体管触发电路实验

一、实验目的

(1) 熟悉单结晶体管触发电路的工作原理及电路中各元件的作用。
(2) 掌握单结晶体管触发电路的调试步骤和方法。

二、实验所需挂件及附件

序号	型号	备注
1	DJK01 电源控制屏	该控制屏包含三相电源输出等模块
2	DJK03-1 三相晶闸管触发电路挂件	该挂件包含单结晶体管触发电路等模块
3	双踪示波器	自备

三、实验线路及原理

单结晶体管触发电路的工作原理参见教材相关内容。

四、实验内容

(1) 调试单结晶体管触发电路。
(2) 观察单结晶体管触发电路各点电压波形。

五、思考题

(1) 单结晶体管触发电路的振荡频率与电路中电容 C_1 的大小有什么关系？
(2) 单结晶体管触发电路的移相范围能否达到 180°？

六、实验方法

1) 单结晶体管触发电路的观测

将 DJK01 电源控制屏的电源选择开关打到直流调速侧，使输出线电压为 200 V（不能打到交流调速侧工作。因为 DJK03-1 的正常工作电源电压为 220（±10%）V，而交流调速侧输出的线电压为 240 V）。如果输入电压不在其标准工作范围，将缩短挂件的使用寿命，甚至会导致挂件的损坏。在 DZSZ-1 型电机及自动控制实验装置上使用挂件时，通过操作控制屏左侧的自耦调压器，将输出的线电压调到 220 V 左右，然后才能将电源接入挂件。用两根导线将 200 V 交流电压接到 DJK03-1 的"外接 220 V"端，按下启动按钮，打开 DJK03-1 电源开关,这时挂件中所有的触发电路都开始工作。用双踪示波器观察单结晶体管触发电路,经半波整流后得到点 1 处的波形,经稳压管削波后得到点 2 处的波形。调节移相电位器 R_{P1},观察点 4 处锯齿波的周期变化及点 5 处的触发脉冲波形;最后观察输出的 G、K 触发电压波形能否在 30°～170°范围内移相。

2) 记录单结晶体管触发电路各点波形

当 $\alpha=30°,60°,90°,120°$ 时,将单结晶体管触发电路的各观测点波形描绘下来,并进行比较。

七、实验报告

画出 $\alpha=60°$ 时单结晶体管触发电路各点输出的波形及其幅值。

八、注意事项

双踪示波器有两个探头,可以同时观测两个信号,但这两个探头的地线都与示波器的外壳相连,因此两个探头的地线不能同时接在同一电路的不同电位的两个点上,否则将使这两个点通过示波器外壳发生电气短路。为了保证测量的顺利进行,可将其中一根探头的地线取下或外包绝缘皮,只使用其中一路地线。这样可从根本上解决以上问题。当需要同时观察两个信号时,必须在被测电路上找到这两个信号的公共点,将两个探头的地线接于此处,两个探头各接至被测信号处,即能在示波器上同时观察到两个信号而不致发生意外。

实验 2.2　单相半波可控整流电路实验

一、实验目的

(1) 掌握单结晶体管触发电路的调试步骤和方法。
(2) 掌握单相半波可控整流电路在电阻负载及电阻电感性负载时的工作原理。
(3) 了解续流二极管的作用。

二、实验所需挂件及附件

序号	型号	备注
1	DJK01 电源控制屏	该控制屏包含三相电源输出、励磁电源等模块
2	DJK02 晶闸管主电路挂件	该挂件包含晶闸管、电感等模块
3	DJK03-1 晶闸管触发电路挂件	该挂件包含单结晶体管触发电路模块
4	DJK06 给定及实验器件	该挂件包含二极管等模块
5	D42 三相可调电阻	
6	双踪示波器	自备
7	万用表	自备

三、实验线路及原理

单结晶体管触发电路的工作原理参见教材有关内容。首先将 DJK03-1 挂件上的单结晶体管触发电路的输出端 G 和 K 接到 DJK02 挂件面板上的反桥中的任意一个晶闸管的门极和阴极,并将相应的触发脉冲的钮子开关关闭(防止误触发),负载 R 采用 D42 三相可调电阻,将两个 900 Ω 电阻并联。二极管 VD_1 和开关 S_1 均在 DJK06 挂件上。电感 L_d 在 DJK02 面板上,有 100 mH、200 mH、700 mH 三挡可供选择,本实验选用 700 mH。直流电压表及直流电流表从 DJK02 挂件上得到。

四、实验内容

(1) 调试单结晶体管触发电路。
(2) 观察并记录单结晶体管触发电路各点电压波形。
(3) 测定单相半波整流电路带电阻性负载时 $U_d/U_2 = f(a)$ 特性。
(4) 观察单相半波整流电路带电阻电感性负载时续流二极管作用。

五、思考题

(1) 单结晶体管触发电路的振荡频率与电路中电容 C_1 的大小有什么关系?
(2) 单相半波可控整流电路节点感性负载时会出现什么现象?如何解决?

六、实验方法

1) 单结晶体管触发电路的调试

将 DJK01 电源控制屏的电源选择开关打到直流调速侧,使输出线电压为 200 V。用两根导线将 200 V 交流电压接到 DJK03-1 的"外接 220 V"端,按下启动按钮。打开 DJK03-1 电源开关,用双踪示波器观察单结晶体管触发电路中整流输出的梯形波、锯齿波及单结晶体管触发电路输出波形等。调节移相电位器 R_{P1},观察锯齿波的周期变化及输出脉冲波形的移相范围能否达到 30°~170°。

2) 单相半波可控整流电路接电阻性负载

触发电路调试正常后,按图 2-1 所示电路图接线。将电阻器调到最大阻值位置,按下"启动"按钮。用示波器观察负载电压 U_d、晶闸管 VT 两端电压 U_{VT} 的波形。调节电位器 R_{P1},观察 $\alpha = 30°,60°,90°,120°,150°$ 时 U_d、U_{VT} 的波形,并测量直流输出电压 U_d 和电源电压 U_2,将其值记录于表 2-1 中。同时利用式(2-1)计算 U_d,将结果填入表 2-1 中。

$$U_{dc} = 0.45 U_2 (1 + \cos\alpha)/2 \tag{2-1}$$

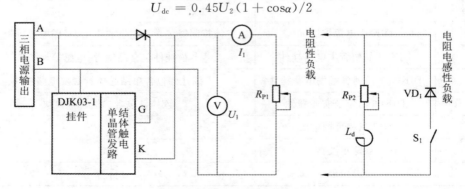

图 2-1 单相半波可控整流电路

表 2-1　U_d 的记录值和计算值

α	30°	60°	90°	120°	150°
U_2					
U_d（记录值）					
U_d/U_2					
U_{dc}（计算值）					

2）单相半波可控整流电路接电阻电感性负载

将负载电阻 R 改为电阻电感性负载（由电阻器与平波电抗器 L_d 串联而成）。暂不接续流二极管 VD_1，在不同阻抗角（阻抗角 $\varphi = \tan^{-1}(\omega L/R)$，保持电感量不变，改变 R 的电阻值，注意电流不要超过 1 A）情况下，观察并记录 $\alpha = 30°, 60°, 90°, 120°, 150°$ 时的直流输出电压值 U_d' 及 U_{VT} 的波形，并将其值记录在表 2-2 中。

表 2-2　U_d' 的记录值和计算值

α	30°	60°	90°	120°	150°
U_2'					
U_d'（记录值）					
U_d'/U_2'					
U_{dc}'（计算值）					

接入续流二极管 VD_1，重复上述实验，观察续流二极管的作用，以及 U_{VD1} 波形的变化，记录输出电压 U_d'' 和电源电压 U_2'' 的值（见表 2-3）。

表 2-3　U_d'' 的记录值和计算值

α	30°	60°	90°	120°	150°
U_2''					
U_d''（记录值）					
U_d''/U_2''					
U_{dc}''（计算值）					

七、实验报告

（1）分别画出 $\alpha = 90°$ 时，电阻性负载和电阻电感性负载下的 U_d、U_{VT} 波形。

（2）画出电阻性负载下的 $U_d/U_2 = f(\alpha)$ 实验曲线，并与计算值 U_{dc} 的对应曲线相比较。

（3）分析实验中出现的现象，写出体会。

八、注意事项

（1）参照实验 2.1 的注意事项。

（2）在本实验中触发电路选用的是单结晶体管触发电路，也可以选用齿距波同步移相触发电路。

（3）在实验中，触发脉冲是从外部接入 DJK02 面板上晶闸管的门极和阴极的，此时，应将所用晶闸管对应的正桥触发脉冲或反桥触发脉冲的开关拨向"断"的位置，避免误触发。

（4）为避免晶闸管意外损坏，实验时要注意以下几点。

① 在主电路未接通时，首先要调试触发电路，只有在触发电路正常工作后，才可接通主电路。

② 在接通主电路前，必须先将控制电压 U_{ct} 调到零，且将负载电阻调到阻值最大处；接通主电路后，才可逐渐加大控制电压 U_{ct}，避免过流。

③ 要选择合适的负载电阻和电感，避免过流。一般尽可能选用大的阻值。

（5）由于晶闸管持续工作时，需要有一定的维持电流，因此要使晶闸管主电路可靠工作，其通过的电流不能太小，否则会造成晶闸管电路时断时通，工作不可靠。在本实验中，要保证晶闸管正常工作，负载电流必须大于 50 mA。

（6）在实验中要注意同步电压与触发相位的关系。例如在单结晶体管触发电路中，触发脉冲产生的位置是在同步电压的上半周，而在锯齿波触发电路中，触发脉冲产生的位置是在同步电压的下半周，所以在主电路接线时应充分考虑到这个问题，否则实验就无法顺利完成。

（7）使用电抗器时，要保证其通过的电流不超过 1 A。

实验 2.3 三相半波可控整流电路实验

一、实验目的

（1）了解三相半波可控整流电路的工作原理。
（2）研究可控整流电路在电阻性负载和电阻电感性负载下的工作情况。

二、实验所需挂件及附件

序号	型号	备注
1	DJK01 电源控制屏	该控制屏包含三相电源输出等模块
2	DJK02 晶闸管主电路挂件	
3	DJK02-1 三相晶闸管触发电路挂件	该挂件包含触发电路和正、反桥功放电路等模块
4	DJK06 给定及实验器件	该挂件包含二极管等模块
5	D42 三相可调电阻	
6	双踪示波器	自备
7	万用表	自备

三、实验线路及原理

三相半波可控整流电路要采用三只晶闸管。与单相电路比较，其输出电压脉动小，输出功率大。不足之处是晶闸管电流即变压器的副边电流在一个周期内只有 1/3 时间有电流流过，变压器利用率较低。图 2-2 中，晶闸管用 DJK02 正桥组的三个晶闸管；电阻 R 采用 D42 三相可调电阻，将两个 900 Ω 电阻并联；电感 L_d 用 DJK02 面板上的 700 mH 电感。其三相触发信号由 DJK02-1 内部提供，只需在其外加一给定电压接到 U_{ct} 端即可。

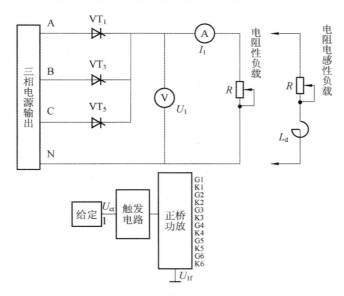

图 2-2　三相半波可控整流电路实验原理图

四、实验内容

（1）研究带电阻性负载的三相半波可控整流电路。
（2）研究带电阻电感性负载的三相半波可控整流电路。

五、思考题

（1）如何确定三相触发脉冲的相序？主电路输出的三相相序能任意改变吗？
（2）根据所用晶闸管的定额，如何确定整流电路的最大输出电流？

六、实验方法

1）DJK02 和 DJK02-1 上的触发电路调试

（1）打开 DJK01 总电源开关，操作电源控制屏上的三相电网电压指示开关，观察输入的三相电网电压是否平衡。

（2）将 DJK01 电源控制屏上的调速电源选择开关拨至直流调速侧。

（3）用十芯的扁平电缆将 DJK02 的三相同步信号输出端和 DJK02-1 三相同步信号输入端相连，打开 DJK02-1 的电源开关，拨动触发脉冲指示钮子开关，使"窄"发光管亮。

（4）观察 A、B、C 三相的锯齿波并调节 A、B、C 三相锯齿波斜率调节电位器（在各观测孔左侧），使三相锯齿波斜率尽可能一致。

（5）将 DJK06 上的"给定"输出 U_g 直接与 DJK02-1 上的移相控制电压 U_{ct} 相接，将给定开关 S_2 拨到接地位置（即 $U_{ct}=0$），调节 DJK02-1 上的偏移电压电位器，用双踪示波器观察 A 相同步电压信号和"双脉冲观察孔"VT_1 的输出波形，使 $\alpha=150°$（注意此处的 α 表示三相晶闸管电路中的移相角，它的 0° 是从自然换流点开始计算的，前面实验中的单向晶闸管的 0° 移相角表示从同步信号过零点开始计算，两者存在相位差，前者比后者滞后 30°）。

（6）适当增加给定 U_g 的正电压输出，观测 DJK02-1 上的"双脉冲观察孔"VT_1 的波形，此时应该观察到单窄脉冲和双窄脉冲。

（7）用八芯的扁平电缆，将 DJK02-1 面板上触发脉冲输出端和触发脉冲输入端相连，使得触发脉冲加到正、反桥功放电路的输入端。

（8）将 DJK02-1 面板上的 U_{1f} 端接地，用二十芯的扁平电缆，将 DJK02-1 的正桥触发脉冲输出端和 DJK02 的正桥触发脉冲输入端相连，并将 DJK02 的正桥触发脉冲的六个开关拨至"通"位置。观察正桥功放电路中 $VT_1 \sim VT_6$ 晶闸管门极和阴极之间的触发脉冲是否正常。

2）三相半波可控整流电路带电阻性负载

接线后，将电阻器放在最大阻值处，按下启动按钮，DJK06 上的电压给定电路从零开始，慢慢增加移相电压，使 α 能在 30°～180°范围内变化。用示波器观察并记录三相电路中 α＝30°，60°，90°，120°，150°时整流输出电压 U_d 和晶闸管两端电压 U_{VT} 的波形，并将相应的电源电压 U_2 及 U_d（参见式(2-2)）的数值记录在表（见表 2-1）中。

$$U_d = \begin{cases} 1.17U_2\cos\alpha & (0° \leqslant \alpha < 30°) \\ 0.675U_2[1+\cos(\alpha+\frac{\pi}{6})] & (30° \leqslant \alpha \leqslant 150°) \end{cases} \quad (2\text{-}2)$$

3）三相半波可控整流电路带电阻电感性负载

将 DJK02 上 700 mH 的电抗器与负载电阻 R 串联后接入主电路，观察不同移相角 α 下的 U_d、I_d 波形图，并将所得 U_d 值记录在表中。根据式(2-2)计算相应的 U_d 值，记录在上述表(2-1)中。

七、实验报告

绘出 α＝90°时，整流电路在电阻性负载、电阻电感性负载时的 U_d 及 I_d 的波形，并进行分析。

八、注意事项

（1）参考实验 2.1 的注意事项。

（2）整流电路与三相电源连接时，一定要注意相序，必须一一对应。

实验 2.4　三相桥式半控整流电路实验

一、实验目的

（1）了解三相桥式半控整流电路的工作原理及输出电压、电流波形。

（2）了解晶闸管在电阻性及电阻电感性负载下，不同控制角 α 下的工作情况。

二、实验所需挂件及附件

序 号	型　　　号	备　　注
1	DQ01 电源控制屏	该控制屏包含三相电源输出、励磁电源等模块
2	DK03 晶闸管主电路挂件	
3	DK04-1 晶闸管触发电路挂件	该挂件包含触发电路、正桥功放电路、反桥功放电路等模块
4	DK06 电动机调速控制电路挂件	
5	DQ27 三相可调电阻	
6	双踪示波器	自备
7	万用表	自备

三、实验线路及原理

在中等容量的整流装置或要求不可逆的电力拖动装置中,可采用比三相桥式全控整流电路更简单、经济的三相桥式半控整流电路。它由共阴极接法的三相半波可控整流电路与共阳极接法的三相半波不可控整流电路串联而成,因此这种电路兼有可控与不可控两者的特性。共阳极组的三个整流二极管总是在自然换流点换流,使电流换到比阴极电位更低的一相,而共阴极组的三个晶闸管则要在触发后才能换到阳极电位高的一相。输出整流电压 U_d 的波形是三组整流电压波形之和,改变共阴极组晶闸管的控制角 α 可获得 $0\sim2.34U_2$ 的直流可调电压。

具体线路可参见图 2-3,图中:三个晶闸管在 DK03 面板上;三相触发电路在 DK04-1 上;二极管和电压给定电路在 DK06 挂件上;直流电压电流表及电感 L_d 从 DK03 上获得;电阻 R 用 DQ27 三相可调电阻将两个 900 Ω 电阻并联。

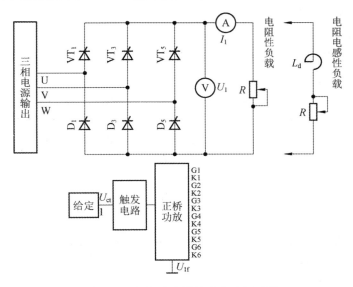

图 2-3　三相桥式半控整流电路原理图

四、实验内容

（1）测试三相桥式半控整流电路在电阻性负载下的特性。
（2）测试三相桥式半控整流电路在电阻电感性负载下的特性。
（3）测试三相桥式半控整流电路在反电势负载下的特性。（选做）
（4）观察平波电抗器的作用。（选做）

五、思考题

（1）为什么说可控整流电路在电动机负载下工作与在电阻性负载下工作有很大差别？
（2）实验电路在电阻性负载工作时能否突加一阶跃控制电压？在电动机负载工作时呢？为什么？

六、实验方法

（1）DK03 和 DK04-1 上的触发电路调试。

① 打开 DQ01 总电源开关，操作电源控制屏上的三相电网电压指示开关，观察输入的三相电网电压是否平衡。

② 通过操作控制屏左侧的自耦调压器，使 DQ01 电源控制屏的电源输出线电压为 200 V。

③ 用十芯的扁平电缆将 DK03 的三相同步信号输出端和 DK04-1 三相同步信号输入端相连。打开 DK04-1 电源开关，拨动触发脉冲指示钮子开关，使"窄"发光管亮。

④ 观察 A、B、C 三相的锯齿波，并调节 A、B、C 三相锯齿波斜率调节电位器（在各观测孔左侧），使三相锯齿波斜率尽可能一致。

⑤ 将 DK06 上的"给定"输出 U_g 端直接与 DK04-1 上的移相控制电压 U_{ct} 端相接，将给定开关 S_2 拨到接地位置（即 $U_{ct}=0$），调节 DK04-1 上的偏移电压电位器，用双踪示波器观察 A 相同步电压信号和"双脉冲观察孔"VT_1 的输出波形，使 $\alpha=150°$。

⑥ 适当增加给定 U_g 的正电压输出，观测 DK04-1 上"脉冲观察孔"VT_1 的波形（此时应观测到单窄脉冲和双窄脉冲）。

⑦ 将 DK04-1 面板上的 U_{1f} 端接地，用二十芯的扁平电缆将 DK04-1 的正桥触发脉冲输出端和 DK03 正桥触发脉冲输入端相连，并将 DK03 正桥触发脉冲的六个开关拨至"通"位置，观察正桥晶闸管 $VT_1 \sim VT_6$ 门极和阴极之间的触发脉冲是否正常。

（2）三相半控桥式整流电路供电给电阻负载时的特性测试。

接线后将给定输出调到零，负载电阻放在最大阻值位置。按下"启动"按钮，缓慢调节给定，观察 α 取 30°、60°、90°、120°等不同值时整流电路的输出电压 U_d、输出电流 I_d 及晶闸管端电压 U_{VT} 的波形，并记录。

（3）三相桥式半控整流电路带电阻电感性负载时的特性测试。

将电抗为 700 mH 的 L_d 接入电路中，参照步骤（1）完成测试。

（4）带反电势负载时的特性测试。（选做）

要完成此实验还应加直流电动机。断开主电路，将负载改为直流电动机，接平波电抗器 L_d，调节 DK06 上的给定输出 U_g，使输出由零逐渐上升，直至达到电动机电压额定值。用示波器观察并记录不同 α 下输出电压 U_d 和电动机电枢两端电压 U_a 的波形。

(5) 接上平波电抗器,参照步骤(1)完成测试。(选做)

七、实验报告

(1) 绘出实验的整流电路在电阻负载下的电压 $U_d=f(t)$、电流 $I_d=f(t)$ 及晶闸管端电压 $U_{VT}=f(t)$ 的波形。
(2) 绘出整流电路在 $\alpha=60°$ 与 $\alpha=90°$ 时,电阻电感性负载下的波形。

八、注意事项

参考本章实验 2.1 的注意事项。

实验 2.5 三相桥式全控整流电路及有源逆变电路实验

一、实验目的

(1) 加深三相桥式全控整流电路及有源逆变电路的工作原理的理解。
(2) 了解 KC 系列集成触发器的调整方法和各观测点的波形。

二、实验所需挂件及附件

序号	型号	备注
1	DQ01 电源控制屏	该控制屏包含三相电源输出、励磁电源等模块
2	DK03 晶闸管主电路挂件	
3	DK04-1 三相晶闸管触发电路挂件	该挂件包含触发电路、正桥功放电路、反桥功放电路等模块
4	DK06 电动机调速控制电路挂件	
5	DK12 变压器	该挂件包含二极管及三相不控整流
6	DQ27 三相可调电阻	
7	双踪示波器	自备
8	万用表	自备

三、实验线路及原理

实验线路如图 2-4 和图 2-5 所示。主电路由三相全控整流电路及作为逆变直流电源的三相不控整流电路组成,触发电路为 DK04-1 中的集成触发电路,由 KC04、KC41、KC42 等集成芯片组成,可输出经高频调制后的双窄脉冲链。

电阻 R 用三相可调电阻,将两个 900 Ω 电阻串联;电感 L_d 在 DK03 面板上,选用 700 mH 电感,直流电压、电流表由 DK03 获得。

在三相桥式有源逆变电路中,电阻、电感与整流电路的一致,而三相不控整流电路及芯式变压器均在 DK12 挂件上,其中芯式变压器用作升压变压器,逆变输出的电压连接芯式变压器的低压端 a、b、c;返回电网的电压从高压端 A、B、C 输出;变压器接成 Y/Y 接法(三相电

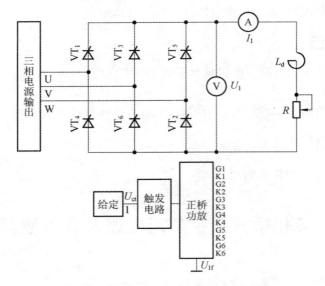

图 2-4　三相桥式全控整流电路实验原理图

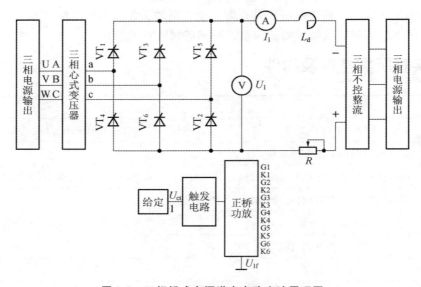

图 2-5　三相桥式有源逆变电路实验原理图

源输出的 U、V、W 端分别接三相芯式变压器的 A、B、C 端,一一对应;三相芯式变压器的 X、Y、Z 相用导线短接;三相芯式变压器的 a、b、c 端分别连接到晶闸管 VT_1、VT_3、VT_5 的阳极,一一对应,三相芯式变压器的 X、Y、Z 相用导线短接。)。

四、实验内容

(1) 调试三相桥式全控整流电路。

(2) 调试三相桥式有源逆变电路。

(3) 在整流或有源逆变状态下,当触发电路出现故障(人为模拟)时观测主电路的各电压波形。

五、思考题

(1) 如何解决主电路和触发电路的同步问题？在本实验中，主电路三相电源的相序可任意设定吗？

(2) 在调试本实验的整流电路及逆变电路时，对 α 角有什么要求？为什么？

六、实验方法

1) DK03 和 DK04-1 上的触发电路调试

(1) 打开 DQ01 总电源开关，操作电源控制屏上的三相电网电压指示开关，观察输入的三相电网电压是否平衡。

(2) 通过操作控制屏左侧的自耦调压器，使 DQ01 电源控制屏的电源输出线电压为 200 V。

(3) 用十芯的扁平电缆将 DK03 的三相同步信号输出端和 DK04-1 三相同步信号输入端相连。打开 DK04-1 电源开关，拨动触发脉冲指示钮子开关，使"窄"发光管亮。

(4) 观察 A、B、C 三相的锯齿波，并调节 A、B、C 三相锯齿波斜率调节电位器（在各观测孔左侧），使三相锯齿波斜率尽可能一致。

(5) 将 DK06 上的给定输出端 U_g 直接与 DK04-1 上的移相控制电压 U_{ct} 端相连，将给定开关 S_2 拨到接地位置（即 $U_{ct}=0$）。调节 DK04-1 上的偏移电压电位器，用双踪示波器观察 A 相同步电压信号和"双脉冲观察孔" VT_1 的输出波形，使 $\alpha=150°$。

(6) 适当增加给定输出端 U_g 的正电压输出，观测 DK04-1 上"脉冲观察孔" VT_1 的波形（此时应观测到单窄脉冲和双窄脉冲）。

(7) 将 DK04-1 面板上的端 U_{1f} 接地，用二十芯的扁平电缆将 DK04-1 的正桥触发脉冲输出端和 DK03 的正桥触发脉冲输入端相连，并将 DK03 正桥触发脉冲的六个开关拨至"通"位置，观察正桥中 $VT_1 \sim VT_6$ 晶闸管门极和阴极之间的触发脉冲是否正常。

2) 三相桥式全控整流电路调试

按图 2-4 接线，将 DK06 上的给定输出旋钮调到零（逆时针旋到底），使电阻器滑动触头置于在最大阻值处。按下启动按钮，调节给定电位器，增加移相电压，使 α 在 $30°\sim150°$ 范围内变化。同时，根据需要不断调整负载电阻 R，使得负载电流 I_d 保持在 0.6 A 左右（注意 I_d 不得超过 0.65 A）。用示波器观察并记录 $\alpha=30°,60°,90°$ 时的整流电压 U_d 和晶闸管两端电压 U_{VT} 的波形，并将相应的 U_d 数值记录于表 2-1 中，相关计算参见式(2-3)。

$$U_d = \begin{cases} 2.34U_2\cos\alpha, & (0°\leqslant\alpha<60°) \\ 2.34U_2[1+\cos(\alpha+\frac{\pi}{3})], & (60°\leqslant\alpha<120°) \end{cases} \quad (2-3)$$

3) 三相桥式有源逆变电路调试

按图 2-5 接线，将 DK06 上的给定输出调到零（逆时针旋到底）。将电阻器的滑动触头置于最大阻值处。按下"启动"按钮，调节给定电位器，增加移相电压，使 β 角在 $30°\sim90°$ 范围内变化。同时，根据需要不断调整负载电阻 R，使得电流 I_d 保持在 0.6 A 左右（注意 I_d 不得超过 0.65 A）。用示波器观察并记录 $\beta=30°,60°,90°$ 时的电压 U_d 和晶闸管两端电压 U_{VT} 的波形，并将相应的 U_d 数值记录于表 2-4 中。用式(2-4)计算 U_d 的值，同样记录在表 2-4 中。

$$U_d = 2.34U_2\cos(180°-\beta) \quad (2-4)$$

表 2-4　$\beta=30°,60°,90°$时参数值

β	30°	60°	90°
U_2			
U_d（记录值）			
U_d/U_2			
U_d（计算值）			

4）模拟故障现象

当$\beta=60°$时，将触发脉冲钮子开关拨向"断开"位置，模拟晶闸管失去触发脉冲时的故障，观察并记录这时U_d、U_{VT}波形的变化情况。

七、实验报告

(1) 画出电路的移相特性$U_d=f(\alpha)$。
(2) 画出触发电路的传输特性$\alpha=f(U_{ct})$。
(3) 画出$\alpha=30°,60°,90°,120°,150°$时的整流电压$U_d$和晶闸管两端电压$U_{VT}$的波形。
(4) 简单分析模拟的故障现象。

八、注意事项

(1) 参考实验2.1的注意事项。
(2) 为了防止过流，启动时将负载电阻R的滑动触头调至最大阻值位置。
(3) 三相不控整流桥的输入端可加接三相自耦调压器，以减小逆变用直流电源的电压值。
(4) 实验中会出现脉冲的相位移动120°左右就消失的现象，这是因为A、C两相的相位接反了。这对整流状态无影响，但在逆变时，调节范围只能达到120°，这就使实验效果不明显；如果用户自行将四芯插头内的A、C相两相的导线对调，就能保证足够的移相范围。

实验2.6　直流斩波电路实验

一、实验目的

(1) 理解斩波电路的工作原理。
(2) 掌握斩波主电路、触发电路的调试步骤和方法。
(3) 熟悉斩波电路各点的电压波形。

二、实验所需挂件及附件

序号	型号	备注
1	DJK01电源控制屏	该控制屏包含三相电源输出等模块

续表

序号	型号	备注
2	DJK05 直流斩波电路挂件	该挂件包含触发电路及主电路两个部分
3	DJK06 给定及实验器件	该挂件包含电压给定等电路
4	D42 三相可调电阻	
5	双踪示波器	自备
6	万用表	自备

三、实验线路及原理

本实验采用脉宽可调的晶闸管斩波器,斩波器主电路原理如图 2-6 所示,其中 VT_1 为主晶闸管,VT_2 为辅助晶闸管,电容 C 和电感 L_1 构成振荡电路,它们与 VD_2、VD_1、L_2 组成 VT_1 的换流开关电路。当接通电源时,C 经 L_1、VD_1、L_2 及负载充电至 $+U_{d0}$,此时 VT_1、VT_2 均不导通;当主脉冲到来时,VT_1 导通,电源电压将通过该晶闸管加到负载上。当辅助脉冲到来时,VT_2 导通,C 通过 VT_2、L_1 放电,然后反向充电,其电容的极性从正变为负。当充电电流下降至零时,VT_2 自行关断,此时 VT_1 继续导通。VT_2 关断后,电容 C 通过 VD_1 及 VT_1 反向放电,通过 VT_1 的电流开始减小;当流过 VT_1 的反向放电电流与负载电流大小相同时,VT_1 关断,此时,电容 C 继续通过 VD_1、L_2、VD_2 放电,然后经 L_1、VD_1、L_2 及负载充电至 $+U_{d0}$,电源停止输出电流,等待下一个周期的触发脉冲到来。VD_3 为续流二极管,为反电势负载提供放电回路。

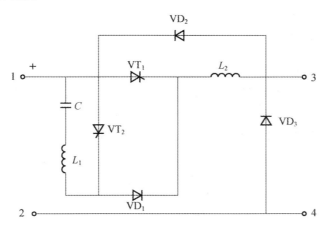

图 2-6 斩波主电路原理图

以上为斩波器工作过程,由此可知,控制 VT_2 脉冲出现的时刻即可调节输出电压的脉宽,从而达到调节输出直流电压的目的。VT_1、VT_2 的触发脉冲间隔由触发电路确定。

实验接线如图 2-7 所示,图中:电阻 R 用 D42 三相可调电阻,使用其中一个 900 Ω 的电阻;励磁电源和直流电压、电流表均在控制屏上。

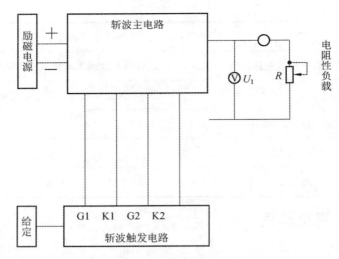

图 2-7 直流斩波电路线路图

四、实验内容

(1) 调试直流斩波触发电路。
(2) 调试电阻性负载下的直流斩波电路。
(3) 调试电阻电感性负载下的直流斩波器。(选做)

五、思考题

(1) 直流斩波器有哪几种调制方式?本实验中的斩波器采用的是何种调制方式?
(2) 在本实验采用的斩波器主电路中电容 C 起什么作用?

六、实验方法

1) 斩波触发电路调试

调节 DJK05 面板上的电位器 R_{P1}、R_{P2}(通过 R_{P1} 调节锯齿波的上下电平位置,通过 R_{P2} 调节锯齿波的频率)。先调节 R_{P2},将频率调节到 200~300 Hz 之间;然后在保证三角波不失真的情况下调节 R_{P1},为三角波提供一个偏量电压(接近电源电压),使斩波主电路工作的时候有一定的起始直流电压,供给晶闸管一定的维持电流,保证系统能可靠工作。将 DK06 上的给定电路接入,观察触发电路的第二波形,增大给定,使占空比从 0.3 变化到 0.9。

2) 在电阻性负载下斩波电路调试

(1) 按图 2-7 所示实验线路接线。直流电源由电源控制屏上的励磁电源提供,接斩波主电路(要注意极性);斩波主电路接电阻性负载;将触发电路的输出端 G1、K1 分别接 VT_1 的门极和阴极,将 G2、K2 分别接至 VT_2 的门极和阴极。

(2) 用示波器观察并记录触发电路的 G1、K1、G2、K2 端输出电压波形,并记录输出电压 U_d 及晶闸管两端电压 U_{VT1} 的波形,注意观测各波形间的相对相位关系。

(3) 调节 DJK06 上的"给定"值,观察在不同的 t(主脉冲和辅助脉冲的时间间隔)值下 U_d 的波形,并将相应的 U_d 和 t 记录于表 2-5 中,从而画出 $U_d = f(t/T)$ 的关系曲线,其中 t/T 为占空比。

表 2-5 不同 t 值对应的 U_d 值

t					
U_d					

3) 在电阻电感性负载下的斩波器电路调试(选做)

在图 2-7 所示电路上加一电感,关断主电源后,将负载改接成电阻电感性负载,参照前述步骤 2)完成实验。

七、实验报告

(1) 整理并绘制实验中记录的各点波形,以及不同负载下 $U_d=f(t/T)$ 的关系曲线。
(2) 讨论、分析实验中出现的各种现象。

八、注意事项

(1) 参考实验 2.1 的注意事项。
(2) 触发电路调试好后,才能接主电路实验。
(3) 将 DJK06 上的"给定"端与 DJK05 的公共端相连,以使电路正常工作。
(4) 负载电流不要超过 0.5 A,否则容易造成电路失控现象。
(5) 当斩波器出现失控现象时,首先检查触发电路参数设置是否正确,确保无误后将直流电源的开关重新打开。

实验 2.7 单相斩控式交流调压电路实验

一、实验目的

(1) 熟悉斩控式交流调压电路的工作原理。
(2) 了解斩控式交流调压控制集成芯片的使用方法与输出波形。

二、实验所需挂件及附件

序号	型号	备注
1	DJK01 电源控制屏	
2	DJK02 斩控式交流调压电路挂件	
3	慢扫描双踪示波器	自备
4	万用表	自备

三、实验线路及原理

斩控式交流调压电路原理如图 2-8 所示。

一般采用全控型器件作为开关器件,其基本原理和直流斩波电路类似,只是直流斩波电路的输入为直流电压,而斩控式交流调压电路输入的为正弦交流电压。在交流电源电压 U_i

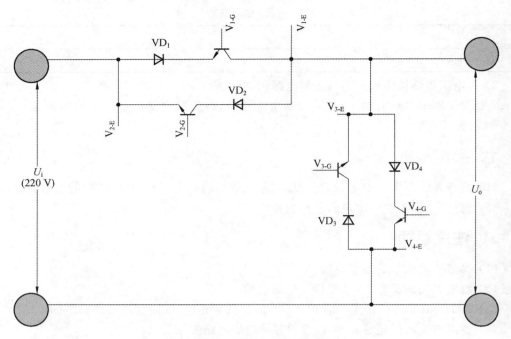

图 2-8 斩控式交流调压电路原理图

的正半周,用 V_1 进行斩波控制,用 V_3 给负载电流提供续流通道;在 U_i 的负半周,用 V_2 进行斩波控制,用 V_4 给负载电流提供续流通道。设斩波器件 V_1、V_2 的导通时间为 t_{on},开关周期为 T,则导通比 $\alpha = t_{on}/T$。和直流斩波电路一样,通过调节 α 可以调节输出电压 U_o。

图 2-9 给出了电阻负载时负载电压 U_o 和电源电流 i_1(也就是负载电源)的波形。可以看出,电源电流的基波分量是与电源电压同相位的,即位移因数为 1,电源电流不含低次谐波,只含与开关周期 T 有关的高次谐波。这些高次谐波用很小的滤波器即可滤除,这时电路的功率因数接近于 1。

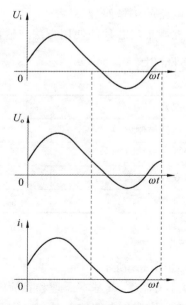

图 2-9 电阻负载斩控式交流调压电路波形

斩控式交流调压控制电路原理图如图 2-10 所示。PWM 占空比产生电路使用专用 PWM 集成芯片 SG3525A,其内部电路结构及各引脚功能可参见有关资料。在交流电源 U_i 的正半周,用 V_1 进行斩波控制,用 V_3 给负载电流提供续流通道,V_4 关断;在 U_i 的负半周,用 V_2 进行斩波控制,V_3 关断,用 V_4 给负载电流提供续流通道。控制信号与主电路的电源必须保持同步。

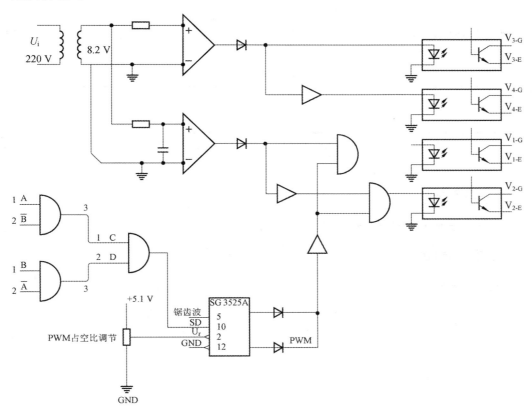

图 2-10 斩控式交流调压控制电路原理图

四、实验内容

(1) 控制电路波形观察。
(2) 交流调压性能测试。

五、思考题

(1) 比较斩控式交流调压电路与相控交流调压电路的调压原理、特征及其功率因数。
(2) 采用何种方式可提高斩控式交流调压电路输出电压的稳定度?
(3) 对斩控式交流调压电路的输出电压波形做谐波分析。

六、实验方法

由于主电路的电源必须与控制信号保持同步,因此主电路的电源不需要外部接入。但是,为了能同时观察两路控制信号之间的相位关系,主电路的开关 K 是串联在电源开关之后的。在观察控制信号时将开关置于关断位置。

1) 控制电路的波形观察

(1) 断开开关 K,使主电路不得电。接通电源开关,用双踪示波器观察控制电路的波形,并记录参数。

(2) 测量控制信号 V_1 与 V_4、V_2 与 V_3 之间的死区时间。

2) 交流调压性能测试

(1) 接入电阻负载(220 V/25 W 的白炽灯),并接通开关 K。调节 PWM 占空比调节电位器,改变导通比 α(即改变 U_r 值),使负载电压由小增大,记录输出电压的波形,并测量输出电压,记录在表 2-6 中。

表 2-6 不同 U_r 下的输出电压 U_o 值

U_r/V								
U_o/V								

(2) 接入电阻、电感性负载(即白炽灯串接一个电感作为负载),参照上述实验步骤完成实验。

七、实验报告

在方格纸上画出控制信号和不同负载下的输出电压波形并进行分析。

八、注意事项

参照本章实验 2.1 相关内容。

第 3 章　直流电机调速系统实验

本章实验包括晶闸管直流调速系统参数和环节特性的测定实验、单闭环直流调速系统实验、双闭环直流调速系统实验、单相斩控式交流调压电路实验,其中单相斩控式交流调压电路实验可参照本书第 2 章实验 2.7。

实验 3.1　晶闸管直流调速系统参数和环节特性的测定实验

一、实验目的

（1）熟悉晶闸管直流调速系统的组成及其基本结构。
（2）掌握晶闸管直流调速系统参数及反馈环节测定方法。

二、实验所需挂件及附件

序号	型号	备注
1	DQ01 电源控制屏	
2	DK03 晶闸管主电路挂件	
3	DK04-1 三相晶闸管触发电路挂件	该挂件包含触发电路、正桥功放电路、反桥功放电路等模块
4	DK06 电动机调速控制挂件	该挂件包含给定、速度调节器、速度变换等模块
5	DQ03-1 电动机导轨、光码盘测速系统及数显转速表	
6	DJ23 直流发电机	
7	DJ15 直流并励电动机	
8	DQ27 三相可调电阻	
9	数字存储示波器	

三、实验线路及原理

晶闸管直流调速系统由整流变压器、晶闸管整流调速装置、平波电抗器、电动机-发电机组等组成。

在本实验中,整流装置的主电路为三相桥式电路,控制电路可直接以给定电压 U_g 作为触发器的移相控制电压 U_{ct},改变 U_g 的大小即可改变控制角 α,从而获得可调的直流电压,以满足实验要求。实验系统原理如图 3-1 所示。

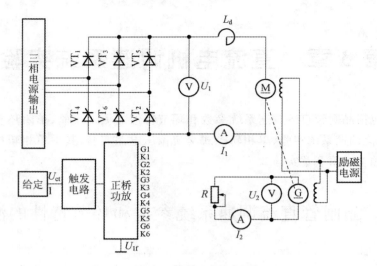

图 3-1 实验系统原理图

四、实验内容

(1) 测定晶闸管直流调速系统主电路总电阻 R。
(2) 测定直流电动机-直流发电机-测速发电机组的飞轮惯量 GD^2。

五、实验方法

为研究晶闸管-电动机系统,须首先了解电枢回路的总电阻 R、总电感 L 以及系统的电磁时间常数 T_d 与机电时间常数 T_M,这些参数均需通过实验手段来测定,具体方法如下。

(1) 电枢回路总电阻 R 的测定。

电枢回路的总电阻 R 包括电动机的电枢电阻 R_a、平波电抗器的直流电阻 R_L 及整流装置的内阻 R_n,即

$$R = R_a + R_L + R_n \tag{3-1}$$

由于阻值较小,不宜用欧姆表或电桥测量。因是小电流检测,接触电阻影响很大,故常用直流伏安法。为测出晶闸管整流装置的电源内阻,须测量整流装置的理想空载电压 U_{d0},而晶闸管整流电源是无法测量的,为此应用伏安比较法。实验线路如图 3-2 所示。

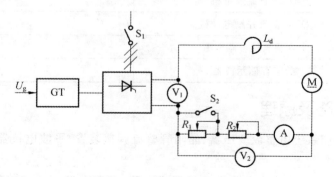

图 3-2 伏安比较法实验线路图

将变阻器 R_1、R_2 接入被测系统的主电路,测试时电动机不加励磁,并使电动机堵转。合上 S_1、S_2,调节给定电压,使输出直流电压 U_d 在 $30\%U_{ed} \sim 70\%U_{ed}$ 范围内;然后调整 R_2,使电

枢电流在 $80\%I_{ed}\sim90\%I_{ed}$ 范围内。读取电流表 A 的读数 I_1 和电压表 V_2 的读数为 U_1,则此时整流装置的理想空载电压为

$$U_{do} = I_1 R + U_1 \tag{3-2}$$

调节 R_1,使之与 R_2 的电阻值相近。断开开关 S_2,在 U_d 的条件下读取电流表的读数 I_2、电压表的数值 U_2,则

$$U_{do} = I_2 R + U_2 \tag{3-3}$$

求解(3-2)、(3-3)两式,可得电枢回路总电阻:

$$R = \left| \frac{U_2 - U_1}{I_1 - I_2} \right| \tag{3-4}$$

如把电动机电枢两端短接,重复上述实验,可得

$$R_L + R_n = \left| \frac{U_{2'} - U_{1'}}{I_{1'} - I_{2'}} \right| \tag{3-5}$$

则电动机的电枢电阻为

$$R_a = R - (R_L + R_n) \tag{3-6}$$

同样,短接电抗器两端,也可测得电抗器直流电阻 R_L。

(2) 直流电动机-发电机-测速发电机组的飞轮惯量 GD^2 的测定。

电力拖动系统的运动方程式为

$$T - T_z = \frac{GD^2}{375} \frac{dn}{dt} \tag{3-7}$$

式中:T 为电动机的电磁转矩,单位为 N·m;T_z 为负载转矩,空载时即为空载转矩 T_k,单位为 N·m;n 为电动机转速,单位为 r/min。

电动机空载自由停车时,$T=0$,$T_z=T_k$,则运动方程式为

$$T_k = -\frac{GD^2}{375} \frac{dn}{dt} \tag{3-8}$$

从而有

$$GD^2 = 375 T_k \left| \frac{dt}{dn} \right| \tag{3-9}$$

式中:GD^2 的单位为 N·m²。

T_k 可由空载功率 P_k(单位为 W)求出:

$$P_k = U_a I_{a0} - I_{a0}^2 R_a \tag{3-10}$$

$$T_k = \frac{9.55 P_k}{n} \tag{3-11}$$

dn/dt 可以从自由停车时所得的曲线 $n=f(t)$ 求得,其实验线路如图 3-3 所示。

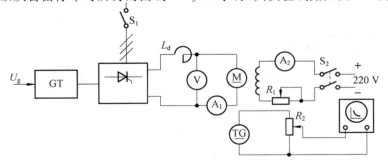

图 3-3 测定 GD^2 时的实验线路图

电动机加额定励磁,将电动机空载启动至稳定转速后,测量电枢电压 U_a 和电流 I_{a0};然后断开给定电路,用数字存储示波器记录 $n=f(t)$ 曲线,即可求取某一转速时的 T_k 和 dn/dt。由于空载转矩不是常数,可以以转速 n 为基准选择若干个点,测出相应的 T_k 和 dn/dt,以求得 GD^2 的平均值。由于本实验装置的电动机容量比较小,应用此法测 GD^2 时会有一定的误差。

六、实验报告

(1) 作出实验所得的各种曲线,计算有关参数。
(2) 由 $K_s = f(U_g)$ 特性,分析晶闸管装置的非线性现象。

实验 3.2　单闭环直流调速系统实验

一、实验目的

(1) 了解单闭环直流调速系统的原理、组成及各主要单元部件的原理。
(2) 认识闭环反馈控制系统的基本特性。

二、实验所需挂件及附件

序号	型号	备注
1	DQ01 电源控制屏	该控制屏包含三相电源输出、励磁电源等模块
2	DK03 晶闸管主电路挂件	
3	DK04-1 三相晶闸管触发电路挂件	该挂件包含触发电路、正桥功放电路、反桥功放电路等模块
4	DK06 电动机调速控制挂件	该挂件包含给定、速度调节器、速度变换等模块
5	DQ03-1 电动机导轨、光码盘测速系统及数显转速表	
6	DJ23 直流发电机	
7	DJ15 直流并励电动机	
8	DQ27 三相可调电阻	

三、实验线路及原理

为了提高直流调速系统的动静态性能指标,通常采用闭环控制系统(包括单闭环控制系统和多闭环控制系统)。对调速指标要求不高的场合,采用单闭环控制系统;而对调速指标较高的场合,则采用多闭环控制系统。闭环控制系统有不同的反馈的方式,例如转速反馈、电流反馈、电压反馈等。在单闭环控制系统中,单闭环调速系统使用较多。

在本实验中,将反映转速变化的电压信号作为反馈信号,经速度变换后接到速度调节器的输入端,与给定电压相比较经放大后,得到移相控制电压 U_{ct},用作控制整流桥的触发电

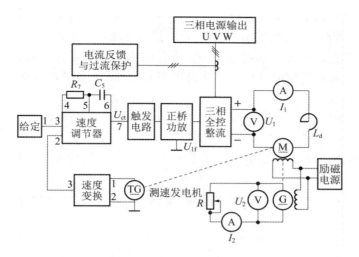

图 3-4 单闭环直流调速系统原理图

路。触发脉冲经功放后加到晶闸管的门极和阴极之间,以改变"三相全控整流"的输出电压,这就构成了速度反馈闭环系统。电动机的转速随给定电压变化,电动机最高转速由速度调节器的输出限幅所决定。速度调节器采用 P(比例)调节方式,对阶跃输入有稳态误差,要想消除上述误差,则需将调节器换成 PI(比例积分)调节方式。当给定电压恒定时,闭环系统对速度变化起到抑制作用。当电动机负载或电源电压波动时,电动机的转速能在一定的范围内变化。

四、实验内容

(1) 按原理图(见图 3-4)接线。在本实验中,DK06 的给定电压 U_g 为负给定电压,将速度调节器接成 P(比例)调节器或 PI(比例积分)调节器。直流发电机接负载电阻 R,L_d 用 DK03 上 200 mH 电感,给定电压输出调到零。

(2) 直流电动机先轻载,从零开始逐渐加大给定电压 U_g,使电动机的转速接近 1 200 r/min。

(3) 由小到大调节直流电动机负载 R,测出电动机的电枢电流 I_d 和电动机的转速 n,直至 $I_d = I_{ed}$,即可测出系统静态特性曲线 $n = f(I_d)$。将测得的 I_d 和 n 值记录在表 3-1 中。

表 3-1 电枢电流 I_d 和电动机转速 n 的记录值

$n/(\text{r/min})$							
I_d/A							

五、思考题

(1) P 调节器和 PI 调节器在直流调速系统中的作用有什么不同?

(2) 实验中,如何确定转速反馈的极性并把转速反馈正确地接入系统中?调节什么元件能改变转速反馈的强度?

(3) 改变速度调节器的电阻参数对系统有什么影响?

六、注意事项

(1) 双踪示波器在使用中的注意事项参见本书第 2 章相关内容。

（2）启动电动机时，应先加上电动机的励磁，然后才能启动电动机。在启动电动机前必须将移相控制电压调到零，使整流输出电压为零，然后逐渐加大给定电压。不能在开环或速度闭环时突加给定电压，否则会引起过大的启动电流，使过流保护装置动作，报警并跳闸。

（3）通电实验时，可先用电阻作为整流桥的负载，确定电路正常工作后，再以电动机作为负载。

（4）在连接反馈信号时，给定信号的极性必须与反馈信号的极性相反，确保为负反馈，否则会造成失控。

（5）在实验中，直流电动机的电枢电流不要超过额定值，其转速也不要超过1.2倍的额定值，以免影响电动机的使用寿命，或发生意外。

（6）DK06与DK04-1不共地，实验时须短接DK06与DK04-1的接地端。

实验3.3 双闭环直流调速系统实验

一、实验目的

(1) 了解双闭环直流调速系统的原理及组成。
(2) 掌握双闭环直流调速系统的调试方法、步骤及参数的设定。
(3) 研究调节器参数对系统动态性能的影响。

二、实验所需挂件及附件

序号	型号	备注
1	DQ01 电源控制屏	该控制屏包含三相电源输出、励磁电源等模块
2	DK03 晶闸管主电路挂件	
3	DK04-1 三相晶闸管触发电路挂件	该挂件包含触发电路、正桥功放电路、反桥功放电路等模块
4	DK06 电动机调速控制挂件	该挂件包含给定、速度调节器、速度变换、电流反馈与过流保护装置等模块
5	DQ03-1 电动机导轨、光码盘测速系统及数显转速表	
6	DQ07-2 直流发电机	
7	DQ09 直流并励电动机	
8	DQ27 三相可调电阻	
9	慢扫描示波器	自备
10	万用表	自备

三、实验线路及原理

许多机械装备，由于加工和运行的要求，其电动机经常处于启动、制动、反转的过渡过程中,因此启动和制动过程的时间在很大程度上决定了机械装备的生产效率。为缩短这部分时间,仅采用包含 PI 调节器的转速负反馈单闭环直流调速系统,其性能不尽如人意。双闭环直流调速系统采用电流和转速两个调节器进行综合调节,可获得良好的静、动态性能(两个调节器均采用 PI 调节器)。由于调整系统的主要参量为转速,故将转速环作为主环放在外面,电流环作为副环放在里面,这样可以抑制电网电压扰动对转速的影响。实验系统的原理图如图 3-5 所示。

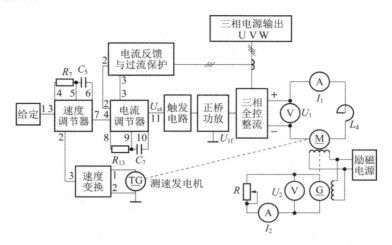

图 3-5 双闭环直流调速系统原理图

启动时,加入给定电压 U_g,速度调节器和电流调节器即以饱和幅值输出,使电动机以限定的最大启动电流加速启动,直到电动机转速达到给定转速(此时 $U_g = U_{fn}$);在出现超调时,速度调节器和电流调节器退出饱和状态,在略低于给定转速值下稳定运行。

系统工作时,要先给电动机加励磁,改变给定电压 U_g 的大小即可方便地改变电动机的转速。速度调节器、电流调节器均设有限幅环节。速度调节器的输出为电流调节器的给定,利用速度调节器的输出限幅可达到限制启动电流的目的。电流调节器的输出为触发电路的控制电压 U_{ct},利用电流调节器的输出限幅可达到限制 α_{max} 的目的。

四、实验内容

(1) 调试各控制单元。

(2) 测定电流反馈系数 β、转速反馈系数 α。

(3) 测定双闭环直流调速系统开环机械特性及高、低转速时系统闭环静态特性 $n = f(I_d)$。

(4) 测定双闭环直流调速系统闭环控制特性 $n = f(U_g)$。

(5) 观察、记录系统动态波形。

五、思考题

(1) 为什么双闭环直流调速系统中使用的调节器均为 PI 调节器?

(2) 如果接反转速负反馈的极性会产生什么现象?

(3) 双闭环直流调速系统中哪些参数的变化会引起电动机转速的改变?哪些参数的变化会引起电动机最大电流的变化?

六、实验方法

1) DK03 和 DK04-1 上的触发电路调试

（1）打开 DQ01 总电源开关，操作电源控制屏上的三相电网电压指示开关，观察输入的三相电网电压是否平衡。

（2）将 DQ01 的调压输出调节为线电压 200 V。

（3）用十芯的扁平电缆，将 DK03 的三相同步信号输出端和 DK04-1 的三相同步信号输入端相连。打开 DK04-1 电源开关，拨动触发脉冲指示钮子开关，使"窄"发光管亮。

（4）观察 A、B、C 三相的锯齿波，并调节 A、B、C 三相锯齿波斜率调节电位器（在各观测孔左侧），使三相锯齿波斜率尽可能一致。

（5）将 DK06 上的给定输出电压 U_g 端直接与 DK04-1 上的移相控制电压 U_{ct} 端相接。将给定开关 S_2 拨到接地位置（即 $U_{ct}=0$），调节 DK04-1 上的偏移电压电位器，用双踪示波器观察 A 相同步电压信号和双脉冲观察孔 VT_1 的输出波形，使 $\alpha=120°$。

（6）适当增加给定电压 U_g 的正输出，观测 DK04-1 上双脉冲观察孔的波形，此时应观测到单窄脉冲和双窄脉冲。

（7）将 DK04-1 面板上的 U_{1f} 端接地，用二十芯的扁平电缆将 DK04-1 的正桥触发脉冲输出端和 DK03 的正桥触发脉冲输入端相连，并将 DK03 正桥触发脉冲的六个开关拨至"通"位置，观察正桥晶闸管 $VT_1 \sim VT_6$ 门极和阴极之间的触发脉冲是否正常。

2) 双闭环调速系统调试原则

① 先单元、后系统，即先将单元的参数调好，然后才能组成系统。

② 先开环、后闭环，即先使系统运行在开环状态，然后在确定电流和转速均为负反馈后，才可组成闭环系统。

③ 先内环、后外环，即先调试电流内环，然后调试转速外环。

④ 先调整稳态精度，后调整动态指标。

3) 控制单元的调试

（1）确定移相控制电压 U_{ct} 调节范围。

① 直接将 DK06 给定电压 U_g 接入 DK04-1 移相控制电压 U_{ct} 的输入端，正桥三相全控整流输出端接电阻负载 R，负载电阻滑动触头置于阻值最大处，输出给定电压调到零（对于 DZSZ-1 型电机及自动控制实验装置，将输出电压调至最小，启动 DZSZ-1 型实验装置后，再将输出电压调到 200 V）。

② 按下启动按钮，给定电压 U_g 由零调大，U_d 将随给定电压的增大而增大。当 U_g 超过某一数值 U_g' 时，U_d 的波形会出现缺相的现象，这时 U_d 反而随 U_g 的增大而减少。一般可确定移相控制电压的最大允许值 $U_{ctmax}=0.9U_g'$，即 U_{ct} 的允许调节范围为 $0\sim U_{ctmax}$。如果把输出限幅定为 U_{ctmax}，则三相全控整流输出范围就被限定，不会工作到极限值状态，以保证六个晶闸管可靠工作。将 U_g' 记录在表 3-2 中。

表 3-2 U_g' 和 U_{ctmax} 的值

U_g'					
$U_{ctmax}=0.9U_g'$					

③ 将给定电压调到零，再按停止按钮切断电源，结束实验。

(2) 调节器调零。

① 将 DK06 中速度调节器的所有输入端接地,再将 DK10 中的 120 kΩ 可调电阻接到速度调节器的 4、5 端上,用导线将 5、6 端短接,使电流调节器成为 P(比例)调节器。调节面板上的调零电位器 R_{P3},用万用表的毫伏挡测量电流调节器 7 端的输出电压,使调节器的输出电压尽可能接近零。

② 将 DK06 中电流调节器的所有输入端接地,再将 DK10 中的 13 kΩ 可调电阻接到速度调节器的 8、9 端上,用导线将 9、10 端短接,使电流调节器成为 P(比例)调节器。调节面板上的调零电位器 R_{P3},用万用表的毫伏挡测量电流调节器的 11 端的输出电压,使调节器的输出电压尽可能接近于零。

(3) 调整调节器正、负限幅值。

① 把速度调节器的 5、6 两端上的短接线去掉,将 DK10 中的 7.47 μF 可调电容接至速度调节器的 5、6 两端,使速度调节器成为 PI(比例积分)调节器;然后将 DK06 的给定输出端接到速度调节器的 3 端。当速度调节器输入端加一定的正给定电压时,调整负限幅电位器 R_{P2},使之输出电压为 −6 V;当速度调节器输入端加负给定电压时,调整正限幅电位器 R_{P1},使其输出电压为最小值。

② 把电流调节器的 8、9 两端的短接线去掉,将 DK10 中的 7.47 μF 可调电容接至速度调节器的 8、9 两端,使速度调节器成为 PI(比例积分)调节器;然后将 DK06 的给定输出端接到电流调节器的 4 端。当速度调节器输入端加正给定电压时,调整负限幅电位器 R_{P2},使其输出电压为最小值;当速度调节器输入端加负给定电压时,调整正限幅电位器 R_{P1},使电流调节器的输出正限幅为 U_{ctmax}。

(4) 整定电流反馈系数。

① 直接将给定电压 U_g 接入 DK04-1 移相控制电压 U_{ct} 的输入端,整流桥输出接电阻负载 R,负载电阻滑动触头置于阻值最大处,输出给定调到零。

② 按下启动按钮,从零开始增加给定电压,使输出电压升高。当 U_d=220 V 时,减小负载的阻值,调节电流反馈与过流保护模块上的电流反馈电位器 R_{P1},使得负载电流 I_d=0.8 A 时,2 端的电流反馈电压 U_{fi}=4 V,这时的电流反馈系数 $\beta = U_{fi}/I_d = 5$ (V/A)。

(5) 整定转速反馈系数。

① 直接将给定电压 U_g 接 DK04-1 上的移相控制电压 U_{ct} 的输入端,三相全控整流电路接直流电动机负载,L_d 采用 DK03 上的 200 mH 电感,输出给定电压调到零。

② 按下启动按钮,接通励磁电源,从零逐渐增加给定电压,使电动机提速到 n=1 500 r/min 时,调节速度变换模块上的转速反馈电位器 R_{P1},使得该转速下反馈电压 U_{fn} = −6 V,这时的转速反馈系数 $\alpha = U_{fn}/n = 0.004$ [V/(r/min)]。

4) 测定开环外特性

(1) DK04-1 控制电压 U_{ct} 由 DK06 上的给定输出电压 U_g 端直接接入,三相全控整流电路接电动机,L_d 采用 DK03 上的 200 mH 电感,直流发电机接负载电阻 R,负载电阻滑动触头置于阻值最大处,输出给定电压调到零。

(2) 按下启动按钮,先接通励磁电源,然后从零开始逐渐增加给定电压 U_g,使电动机启动升速,调节 U_g 和 R 使电动机电流 $I_d = I_{ed}$,转速到达 1 200 r/min。

(3) 增大负载电阻 R 的阻值(即减小负载),测出该系统的开环外特性 $n=f(I_d)$,将相应的 n 和 I_d 值记录于表 3-3 中。

表 3-3 n 和 I_d 的记录值（一）

n/(r/min)							
I_d/A							

（4）将给定电压调到零，断开励磁电源，按下停止按钮，结束实验。

5）系统静特性测试

（1）按图 3-5 接线，DK06 的给定电压 U_g 输出为正给定电压，转速反馈电压为负电压，直流发电机接负载电阻 R，L_d 用 DK03 上的 200 mH 电感，负载电阻滑动触头置于阻值最大处，给定的输出电压调到零。将速度调节器、电流调节器都接成 P（比例）调节器后接入系统，形成双闭环不可逆直流调速系统。按下启动按钮，接通励磁电源，增大给定电压，观察系统能否正常运行。确认整个系统的接线正确无误后，将速度调节器、电流调节器均恢复成 PI（比例积分）调节器，构成实验系统。

（2）系统机械特性 $n=f(I_d)$ 的测定。

① 发电机先空载，从零开始逐渐调大给定电压 U_g，使电动机转速 n 接近 1 200 r/min，然后接入发电机负载电阻 R，逐渐改变负载电阻，直至 $I_d=I_{ed}$，即可测出系统静态特性曲线 $n=f(I_d)$。将相应的 n 和 I_d 值记录在表 3-4 中。

表 3-4 n 和 I_d 的记录值（二）

n/(r/min)							
I_d/A							

② 降低 U_g 值，再测试 $n=800$ r/min 时的静态特性，并将相应的 n' 和 I_d' 值记录在表 3-5 中。

表 3-5 n' 和 I_d' 的记录值

n'/(r/min)							
I_d'/A							

③ 测定闭环控制系统特性 $n=f(U_g)$。

调节 U_g 及 R 值，使 $I_d=I_{ed}$、$n=1\,200$ r/min，逐渐降低 U_g 值（将 U_g'' 和 n'' 值记录在表 3-6 中），即可测出闭环控制特性 $n=f(U_g)$。

表 3-6 n'' 和 U_g'' 的记录值

n''/(r/min)							
U_g''/V							

6）系统动态特性的观察

在不同的系统参数（电流调节器的增益和积分电容、速度调节器的增益和积分电容、速度变换的滤波电容）下，用示波器观察、记录下列动态波形。

（1）突加给定 U_g，电动机启动时的电枢电流 I_d（电流反馈与过流保护回路的 2 端）波形和转速 n（速度变换回路的 3 端）波形。

（2）突加额定负载（由 20%I_{ed} 增大到 100%I_{ed}）时电动机电枢电流波形和转速波形。

（3）突降负载（由 100%I_{ed} 减小到 20%I_{ed}）时电动机的电枢电流波形和转速波形。

七、实验报告

（1）根据实验数据，作出闭环控制特性 $n=f(U_g)$ 曲线。

（2）根据实验数据，作出两种转速时系统的闭环机械特性 $n=f(I_d)$ 曲线。

（3）根据实验数据，作出系统的开环机械特性 $n=f(I_d)$ 曲线，计算静差率，并与闭环机械特性曲线进行比较。

（4）分析系统动态波形，讨论参数变化对系统动、静态性能的影响。

八、注意事项

（1）参见本书第 2 章相关实验注意事项。

（2）在记录动态波形时，可先用双踪慢扫描示波器观察波形，以便找出系统动态特性较为理想的调节器参数，再用数字存储示波器或记忆示波器记录动态波形。

第 4 章　变频调速实验

为使电动机在转速不同时均运行在额定磁通下,改变频率的同时必须成比例地改变输出电压的基波幅值。这就是所谓的变压变频(VVVF)控制。工频 50 Hz 的交流电经整流后可以得到直流电。对直流电进行脉宽调制(PWM)逆变控制,可使变频器输出 PWM 波形中的基波为预先设定的电压/频率比曲线所规定的电压频率数值。PWM 的调制方法是其中的关键技术。

目前常用的有正弦波脉宽调制(SPWM)变频调速、马鞍波 PWM 变频调速和空间矢量脉宽调制(SVPWM)变频调速等方式。

1. SPWM 变频调速方式

SPWM 是最常用的一种调制方法,其信号通过将三角载波信号和正弦信号相比较而产生。当改变正弦参考信号的幅值时,脉宽随之改变,从而改变了主回路输出电压的大小。当改变正弦参考信号的频率时,输出电压的频率即随之改变。在变频器中,输出电压的调整和输出频率的改变是同步协调完成的,称为变压变频(VVVF)控制。

SPWM 调制方式的特点是半个周期内脉冲中心线等距、脉冲等幅,调节脉冲的宽度,使各脉冲面积之和与正弦波下的面积成正比例,因此,其调制波形接近于正弦波。在实际运用中,若采用三相逆变器,则由一个三相正弦波发生器产生三相参考信号,与一个公用的三角载波信号相比较,从而产生三相调制波,如图 4-1 所示。

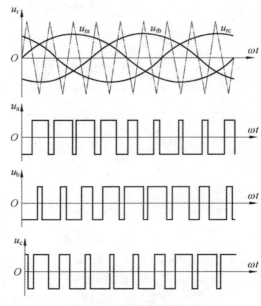

图 4-1　正弦波脉宽调制法

2. 马鞍波 PWM 变频调速方式

前面已经说过,SPWM 信号是由正弦波与三角载波信号相比较而产生的,正弦波幅值与三角波幅值之比为 m,称为调制比。正弦波脉宽调制的主要优点是:逆变器输出线电压与

调制比 m 成线性关系,有利于精确控制,谐波含量小。但是在一般情况下,要求调制比 $m<1$。当 $m>1$ 时,正弦波脉宽调制波中出现饱和现象,不但输出电压与频率失去所要求的配合关系,而且输出电压中谐波分量增大,特别是较低次谐波分量较大,对电动机运行不利。另外可以证明,如果 $m<1$,逆变器输出的线电压中基波分量的幅值只有逆变输入的电网电压幅值的 0.866 倍,这就使得采用 SPWM 逆变器不能充分利用直流母线电压。

为解决这个问题,可以在正弦参考信号上叠加适当的三次谐波分量,如图 4-2 所示,图中,$u=u_{r1}+u_{r3}=\sin\omega t+\frac{1}{6}\sin 3\omega t$。

合成后的波形似马鞍形,所以称为马鞍波。采用马鞍波调制,使参考信号的最大值减小,但参考波形的基波分量的幅值可以进一步提高,即可使 $m>1$,从而可以在高次谐波信号分量不增加的条件下,增加其基波分量的值,克服 SPWM 的不足。目前这种变频方式在家用电器(如变频空调等)上应用广泛。

3. SVPWM 变频调速方式

对三相逆变器,根据三路开关的状态可以生成六个互差 60°的非零电压矢量 $V_1 \sim V_6$,以及零矢量 V_0、V_7,矢量分布如图 4-3 所示。

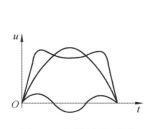
图 4-2 马鞍波的形成

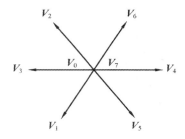
图 4-3 空间电压矢量的分布

当开关状态为(000)或(111)时,即生成零矢量,这时逆变器上半桥或下半桥功率器件全部导通,因此输出线电压为零。

由于电动机磁链矢量是空间电压矢量的时间积分,因此控制空间电压矢量就可以控制磁链的轨迹和速率。在空间电压矢量的作用下,磁链轨迹越接近圆,电动机脉动转矩就越小,运行性能也就越好。

为了比较方便地演示 SVPWM 控制方式的本质,本书采用了最简单的六边形磁链轨迹(见图 4-3)。尽管如此,其效果仍优于 SPWM 法。

实验 4.1　三相 SPWM 变频调速实验

一、实验目的

(1) 掌握 SPWM 的基本原理和实现方法。
(2) 熟悉与 SPWM 控制有关的信号波形。

二、实验所需挂件及附件

序号	型号	备注
1	TKDQ01 型电源控制屏	该控制屏包含三相电源输出、励磁电源等模块
2	DK28 三相异步电动机变频调速控制挂件	
3	双踪示波器	

三、实验方法

（1）接通挂件电源,关闭电动机开关,调制方式设定在 SPWM 方式下（将控制部分 S、V、P 端都悬空）,然后开启电源开关。

（2）点动"增速"按键,将频率设定在 0.5 Hz,在 SPWM 部分观测三相正弦波信号（在测试点 2、3、4 处观测）,观测三角载波信号（在测试点 5 处观测）和三相 SPWM 调制信号（在测试点 6、7、8 处观测）;再点动"转向"按键,改变转动方向,观测上述各信号的相位关系变化。

（3）逐步升高频率,直至达到 50 Hz,重复以上的步骤。

（4）将频率设置为在 0.5～60 Hz 的范围内改变,在测试点 2、3、4 处观测正弦波信号的频率和幅值的关系。

四、实验报告

（1）画出与 SPWM 调制有关信号波形,说明 SPWM 的基本原理。

（2）分析在 0.5～50 Hz 范围内正弦波信号的幅值与频率的关系。

（3）分析在 50～60 Hz 范围内正弦波信号的幅值与频率的关系。

实验 4.2　三相马鞍波 PWM 变频调速实验

马鞍波 PWM 调制技术是 VVVF 变频器中经常采用的技术,这种技术主要是通过对基波正弦信号注入三次谐波,形成马鞍波。采用马鞍波作为参考波信号进行 PWM 调制,与 SPWM 调制方式相比,其主要特点是电压较高,调制比可以大于 1,形成过调制。

一、实验目的

（1）通过实验,掌握马鞍波 PWM 变频调速的原理及其实现方法。

（2）熟悉与马鞍波 PWM 变频调速有关的信号波形。

二、实验所需挂件及附件

序号	型号	备注
1	TKDQ01 型电源控制屏	该控制屏包含三相电源输出、励磁电源等模块
2	DK28 三相异步电动机变频调速控制挂件	
3	双踪示波器	自备

三、实验方法

(1) 接通挂件电源,关闭电动机开关,并将调制方式设定在马鞍波方式下(将控制部分 V、P 端用导线短接,S 端悬空),然后打开电源开关。

(2) 点动"增速"按键,将频率设定在 0.5 Hz。用示波器观测 SPWM 部分的三相正弦波信号(在测试点 2、3、4 处观测)、三角载波信号(在测试点 5 处观测)、三相 SPWM 调制信号(在测试点 6、7、8 处观测);点动"转向"按键,改变转动方向,再观测上述各信号的相位关系的变化。

(3) 逐步升高频率,直至频率达到 50 Hz,重复以上的步骤。

(4) 将频率设置为在 0.5~60 Hz 的范围内改变,在测试点 2、3、4 处观测马鞍波信号的频率和幅值的关系。

四、实验报告

(1) 画出与马鞍波 PWM 有关的主要信号波形,说明马鞍波 PWM 的基本原理。

(2) 为什么采用马鞍波调制后的 PWM 输出电压比采用正弦波调制后的 PWM 输出电压有较高的基波电压分量?

五、注意事项

(1) 由于马鞍波 PWM 调制技术是在 SPWM 的基础上发展而来,其调制的原理与 SPWM 调制原理完全一致,故与正弦波脉宽调制共用其波形测试点。

实验 4.3　三相 SVPWM 变频调速实验

一、实验目的

(1) 通过实验,掌握 SVPWM 的原理及其实现方法。

(2) 熟悉与 SVPWM 有关的信号波形。

二、实验所需挂件及附件

序号	型号	备注
1	TKDQ01 型电源控制屏	该控制屏包含三相电源输出、励磁电源等模块
2	DK28 三相异步电动机变频调速控制挂件	
3	双踪示波器	

三、实验方法

(1) 接通挂件电源,关闭电动机开关,并将调制方式设定在空间电压矢量方式下(将控制部分 S、V 端用导线短接,P 端悬空),然后打开电源开关。

(2) 点动"增速"按键,将频率设定在 0.5Hz,用示波器观测 SVPWM 部分的三相矢量信号(在测试点 10、11、12 处观测)、三角载波信号(在测试点 14 处观测)、PWM 信号(在测试点 13 处观测)、三相 SVPWM 调制信号(在测试点 15、16、17 处观测);点动"转向"按键,改变转动方向,再观测上述各信号的相位关系的变化。

(3) 逐步升高频率,直至频率达到 50 Hz,重复以上步骤。

(4) 将频率设置为在 0.5~60 Hz 的范围内改变,在测试点 13 处观测占空比与频率的关系(在 V/F 函数不变的情况下)。

四、实验报告

(1) 简述 SVPWM 变频调速的原理。

(2) 画出在试验中观测到的所有波形。

(3) 简述注入零矢量的作用。

实验 4.4 SPWM、马鞍波 PWM、SVPWM 调制方式下 V/f 曲线测定

一、实验目的

(1) 通过实验,了解 SPWM 调制方式下 V/f 曲线的变化规律。

(2) 通过实验,了解马鞍波 PWM 调制方式下 V/f 曲线的变化规律。

(3) 通过实验,了解 SVPWM 方式下 V/f 曲线的变化规律。

(4) 定量分析"零矢量"的作用时间与输出电压的关系。

二、实验所需挂件及附件

序号	型号	备注
1	TKDQ01 型电源控制屏	该挂件包含三相电源输出、励磁电源等模块
2	DK28 三相异步电动机变频调速控制挂件	
3	双踪示波器	
4	万用表	

三、实验步骤

(1) 接通挂件电源,关闭电动机开关,并将调制方式设定在 SPWM 方式下(将控制部分 S、V、P 端都悬空),然后打开电源开关。

(2) 将频率设定到 0.5 Hz,观测测试点 1 处的电压波形,任意选择电压函数,记录相应的电压值。

(3) 将调制方式设定在马鞍波 PWM 方式下(即控制部分 V、P 两端用导线短接,S 端悬空)。

(4) 将频率设定为 0.5 Hz,观测测试点 1 处的电压波形,任意选择电压函数,记录相应

的电压值。

(5) 将调制方式设定在空间电压矢量方式下(即控制部分 S、V 端用导线短接,P 端悬空)。

(6) 将频率设定到 0.5Hz,观测测试点 9 处的电压波形及点 13 处 PWM 的宽度,任意选择电压函数,记录相应的电压值及 PWM 的占空比。

四、实验报告

(1) 根据实验结果绘制并分析不同变频模式下的 V/f 曲线。

实验 4.5　三相 SPWM、马鞍波 PWM、SVPWM 变频调速系统实验

一、实验目的

(1) 掌握 SPWM 变频调速的基本原理和实现方法。
(2) 掌握马鞍波 PWM 变频调速的基本原理和实现方法。
(3) 掌握 SVPWM 变频调速的基本原理和实现方法。

二、实验所需挂件及附件

序号	编号	备注
1	TKDQ01 型电源控制屏	该控制屏包含三相电源输出、励磁电源等模块
2	DK28 三相异步电动机变频调速控制挂件	
3	DQ10 三相鼠笼式异步电动机	
4	双踪示波器	

三、实验内容

(1) 正弦波脉宽调制(SPWM)变频调速实验。
(2) 马鞍波 PWM 变频调速实验。
(3) 电压空间矢量脉宽调制(SVPWM)变频调速实验。

四、实验方法

(1) 将 DQ10 电动机与 DK28 逆变输出部分连接,电动机接成△形式。关闭电动机开关,调制方式设定在 SPWM 方式下(将 S、V、P 端都悬空)。打开挂件电源开关,点动"增速""减速"和"转向"键,观测挂件工作是否正常(如果工作正常,将运行频率调到零,关闭挂件电源开关),然后打开电动机开关,接通挂件电源,分别增加频率、降低频率以及改变电动机转向,观测电动机的转速变化。

(2) 将频率调到零,将调制方式设置为马鞍波 PWM 方式(用导线短接 V、P 端,S 端悬空),分别增加频率、降低频率以及改变转向,观测电动机的转速变化。

(3) 将频率调到零,将调制方式设置为电压空间矢量脉宽调制控制方式(用导线短接 S、V 端,P 端悬空),再分别增加频率、降低频率以及改变电动机转向,观测电动机的转速变化。在低转速的情况下,观察电动机的运行状况,与正弦波脉宽调制下电动机的运行状况进行比较。

五、实验报告

(1) 观察在不同的模式下电动机运行状况,并分析原因。

六、注意事项

(1) 在频率不等于零的时候,不允许打开电动机开关,以免发生危险。
(2) 严禁在电动机运行中堵转电动机,否则会导致无法修复的后果。

实验 4.6　采用 SPWM 的开环变压变频调速系统实验

1. 异步电动机恒压频比控制基本原理

由异步电动机的工作原理可知,电动机转速 n 满足:

$$n = \frac{60f}{p}(1-s) \tag{4-1}$$

式中: f 为定子电源频率; p 为电动机定子极对数; s 为电动机转差率。

从式(4-1)中可以得到,通过改变定子绕组交流供电电源频率,即可实现异步电动机转速的改变。但是,在对异步电动机调速时,通常需要保持电动机中每极磁通保持恒定,因为:如果磁通太弱,铁芯的利用率不充分,在同样的转子电流下,电磁转矩小,电动机的带负载能力将下降;如果磁通过大,可能造成电动机的磁路过饱和,从而导致励磁电流过大,电动机的功率因数降低,铁芯损耗剧增,严重时会因发热时间过长而损坏电动机。

如果忽略电动机定子绕组压降的影响,可认为三相异步电动机定子绕组产生的感应电动势有效值 E 与电源电压 U 近似相等,即

$$U \approx E = 4.44 f N k_N \Phi_m \tag{4-2}$$

式中: E 为气隙磁通在定子每相绕组中感应电动势的有效值; f 为定子电压频率; N 为定子每相绕组匝数; k_N 为基波绕组系数; Φ_m 为每极气隙磁通量。

由式(4-2)可知,在基频电压以下通过改变定子电源频率 f 进行调速时,若要保持气隙磁通 Φ_m 恒定不变,只需相应的改变电源电压 U 即可。这种保持电动机每极磁通为额定值的控制策略称为恒压频比(U/f)控制。

在恒压频比控制方式中,当电源频率比较低时,定子绕组压降所占的比重增大,不能忽略不计。为了改善电动机低频时的控制性能,可以适当提高低频时的电源电压,以补偿定子绕组压降的影响。此时的控制方式称为带低频补偿的恒压频比控制。

以上两种控制特性的简单示意图如图 4-4 所示。

需要指出的是,恒压频比控制的优点是系统结构简单,缺点是系统的静态、动态性能都不高,应用范围有限。

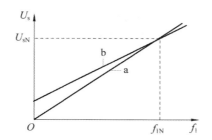

图 4-4 恒压频比控制特性

a—无补偿；b—带定子压降补偿

2. 异步电动机变频调速系统基本构成

在交流异步电动机的诸多调速方法中，变频调速的性能最好，其特点是调速范围广、平滑性好、运行效率高，已成为异步电动机调速系统的主流调速方式。

异步电动机变频调速系统实验原理如图 4-5 所示，调速系统由不可控整流桥、滤波电路、三相逆变桥、DSP2812 数字控制系统以及其他保护、检测电路组成，工作原理为：三相交流电源由二极管整流桥整流，所得电流经滤波电路进行滤波后输出直流电压，再由高频开关器件组成的逆变桥将直流电逆变后输出三相交流电作为电动机的供电电源（其中通过对开关器件通断状态的控制，实现对电动机运行状态的控制）。

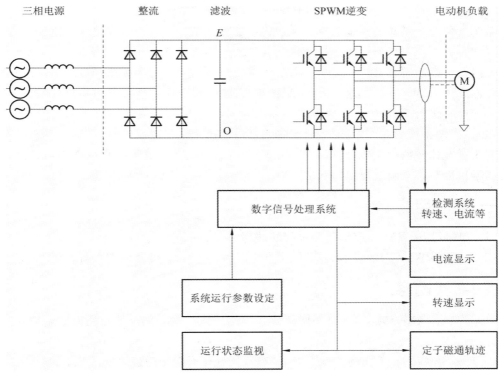

图 4-5 异步电动机变频调速系统原理图

二极管整流桥、阻容滤波、三相逆变桥工作的基本原理以及 SPWM 生成的基本原理在此不赘述，仅作为实验预习内容，可参考教材相关章节。

3. 基于 DSP 的 SPWM 调速系统基本原理

DSP2812 是一款功能强大，专门用于运动控制开发的芯片。其片内有可以用来专门生成PWM波的事件管理单元EVA、EVB,配套的12位16通道的AD数据采集系统具有丰富的CAN、SCI等外设接口,为电动机控制系统的开发提供了极大的便利。基于DSP的SPWM调速系统框图如图4-6所示。

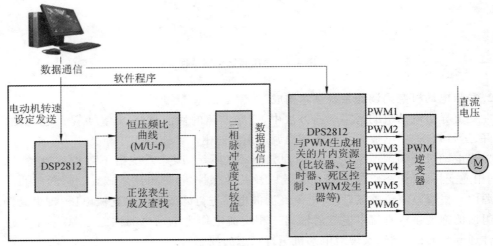

图4-6 基于DSP的SPWM调速系统框图

系统上位机发送转速设定值及其他运行参数到DSP片内,其中载波周期值设置在定时器1周期寄存器(T1PR)内,将脉冲宽度比较值放置在比较单元的比较寄存器(CMPRx)中,通过定时器1控制寄存器(T1CON),将定时器工作方式设置为连续增/减方式,通过比较控制寄存器A(COMCONA)设置比较值重载方式,通过死区控制寄存器(DBTCONA)进行死区控制使能。进行比较操作时,计数器寄存器(T1COUNT)的值与比较单元比较寄存器的值相比较,当两个值相等时,延时一个时钟周期后输出PWM逻辑信号。

对于脉宽比较值的生成程序以及DSP2812生成PWM的详细过程这里不再详述,有兴趣的同学可以查找资料进行更深入的了解。

一、实验目的

(1) 加深对SPWM生成机理和过程的理解。
(2) 熟悉SPWM变压变频调速系统中直流回路、逆变桥器件和微机控制电路之间的连接。

二、实验内容

(1) 在不同调制方式下,观测不同调制方式与相关参数变化对系统性能的影响,并做比较研究:
① 同步调制时,在不同的速度下,观测载波比变化对定子磁通轨迹的影响;
② 异步调制时,在不同的速度下,观测载波比变化对定子磁通轨迹的影响;
③ 分段同步调制时,在不同的速度下,观测载波比变化对定子磁通轨迹的影响。
(2) 观测并记录启动时电动机定子电流和电动机速度波形 $i_v=f(t)$ 与 $n=f(t)$。
(3) 观测并记录突加与突减负载时的电动机定子电流和电动机速度波形 $i_v=f(t)$ 与 $n=f(t)$。

(4) 观测低频补偿程度改变对系统性能的影响。
(5) 观测并作出系统稳态机械特性 $n=f(M)$ 曲线。

三、实验所需挂件及附件

序号	型号	备注
1	NMCL-13B	基于 DSP 的单三相逆变及电动机控制实验系统（或 DPE-04）
2	M04 异步电动机	
3	M03 励磁直流发电机	
4	直流电动机励磁电源	
5	电阻负载	
6	万用表	
7	示波器	

四、实验方法

(1) 按照实验要求连接硬件电路。检查无误后，给系统驱动部分供电。

(2) 运行上位机调速系统软件，如图 4-7 所示。观察右下角软件状态指示灯状态，若为红色，请重启软件；若为绿色，选择"感应电动机开环 VVVF 调速实验研究"。此时弹出界面为开环变频调速实验面板（四个虚拟示波器从左到右、从上到下依次显示的是三相调制波、实际转速、三相电流、模拟定子磁通轨迹），系统默认状态为异步调制方式，载波频率设定为 3 000 Hz，系统电源频率设定为 30 Hz；由于 DSP 内程序未运行，USB 接口无数据，故界面中各虚拟示波器波形中为无规则波形，如图 4-8 所示。

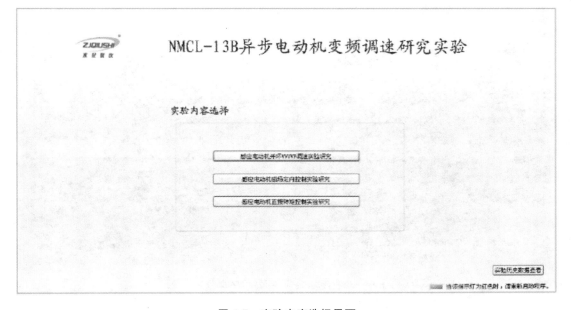

图 4-7 实验内容选择界面

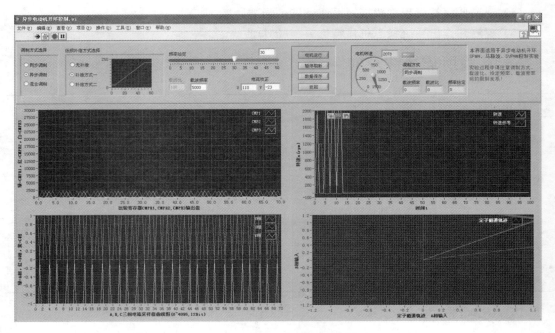

图 4-8　程序加载前界面（程序加载前）

（3）保持上位机的"运行"状态，在下位机 DSP 中加载开环 SPWM 变频调速程序，加载完成后可从上位机前面板上看到虚拟示波器中有三路规则正弦调制波，如图 4-9 所示。将示波器探针连接至 SPWM 输出引出端口，观测端口是否有脉冲输出（如果示波器性能满足要求，可以看到脉冲频率 $f=3000\ \text{Hz}$），并且两两比较观测面板上 1—2、3—4、5—6 端口波形，观察其相位是否相反，死区是否存在。

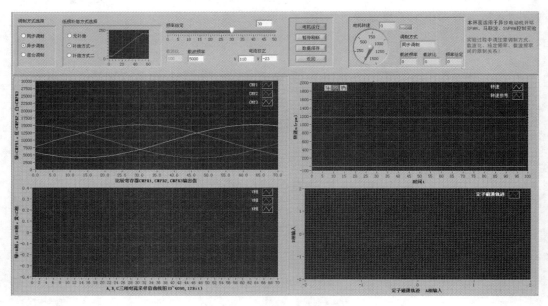

图 4-9　程序加载前界面（程序加载后）

（4）改变"电流校正"输入框中的校正值，使 A、B、C 三相电流采样值曲线图中三条电流曲线均值到零值。电流采样校正前后的上位机界面如图 4-10、图 4-11 所示。

第 4 章 变频调速实验

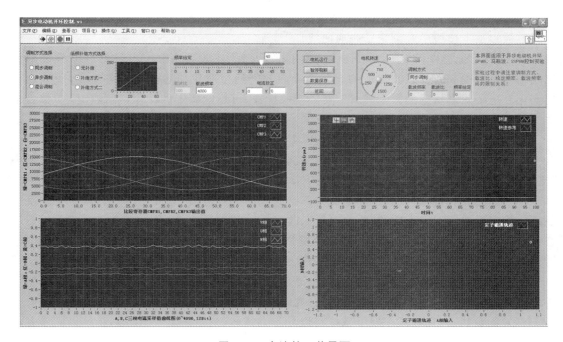

图 4-10 电流校正前界面

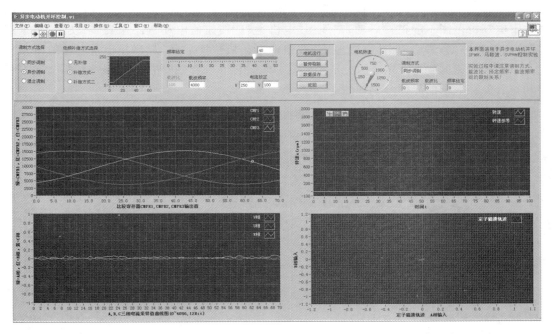

图 4-11 电流校正后界面

（5）完成上述系统初始化检测及校正后,即可进行以下操作。(此时用手旋转电动机转子,可在上位机转速显示图中观测到小幅曲线,在转速指示转盘中可观察到指针摆动。)

（6）接通电源,缓慢旋转调压器使变频器供电电压为 220 V,使电动机在默认设定参数下运行。

下面选择异步调制方式,在不同的速度下观测载波比变化对定子磁通轨迹的影响。

① 在"载波频率"输入框中输入载波频率,在"频率设置"调节条中设置预设值(1~50之间的整数),从上位机中观测定子磁通曲线。

② 保持上位机界面中的"频率设置"值不变,更改"载波频率"的值(注意载波频率的变化范围),重新观测新的载波比下的定子磁通轨迹。通过对比前后磁通轨迹曲线,研究载波比变化对定子磁通轨迹的影响。对于实际实验操作,可规定特定的频率、载波比等参数让学生进行实验观察;也可以依据相关参数的限定关系自行设计。

③ 在不同的设置频率下重复进行上述实验。

在同步调制时,在不同的速度下观测载波比变化对定子磁通轨迹的影响;单击上位机中"电机运行"按钮,切换到"电机停止"状态,使电动机停止运行。在"调制方式选择"面板中选择"同步调制方式",设定载波比和电源频率。完成后再切换回"电机运行"状态,使电动机按照给定状态运行。选定不同的"频率设置",改变不同频率下的载波比,观察其对定子磁通轨迹和转速的影响(注意载波频率的变化范围)。在给定频率较低且载波比较小的情况下,电动机会出现停转的情况。

当分段同步调制时,在不同的速度下,观测载波比变化对定子磁通轨迹的影响;按照前述步骤修改调制方式为"分段同步调制"。此时在系统中将载波频率范围设定为 $1\ \text{Hz} < f \leqslant 25\ \text{Hz}$,为低频状态,在该频率段下系统将以异步方式运行;当 $f > 25\ \text{Hz}$ 时,系统以同步方式运行。观测并记录启动时电动机定子电流 $i_v = f(t)$ 和电动机速度 $n = f(t)$ 的波形。在上位机界面中设定一种电动机运行状态(建议以异步方式启动;若采用同步方式,在小载波比的条件下电动机可能不能正常启动)。使用"电机运行"按钮使电动机停止旋转,使用"数据保存"按钮保存数据,然后单击"电机停止"按钮使电动机快速启动,观察并记录启动时电动机定子电路和转速的变化。电动机完成启动后,单击"停止保存"按钮,停止保存数据。数据保存和查看保存数据的界面分别如图 4-12 所示。

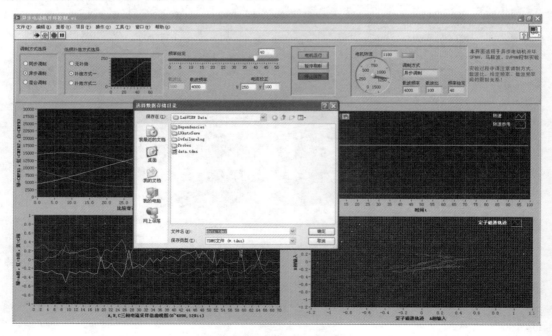

图 4-12 数据保存操作界面

(7) 观测并记录突加与突减负载时的电动机定子电流 $i_v=f(t)$ 和电动机速度 $n=f(t)$ 的波形。为变频器供电至电动机运行至稳定状态，使用前面板中"数据保存"功能，快速增加（减小）负载用发电机的负载，观测并记录该过程中转速及定子电流的波形。

(8) 观测低频补偿程度改变对系统性能的影响。

① 从"低频补偿方式"中选择不同的补偿曲线（"无补偿"即无低频补偿；"补偿方式一"指以电源频率为低频段，此时补偿电压为 21.5 V；"补偿方式二"指以电源频率为 1~10 Hz 时为低频段，此时补偿电压为 43 V）。

② 设定低频频率，观察不同低频补偿方式下电动机启动过程的区别。

(9) 绘制系统稳态机械特性 $n=f(M)$。设定频率给定值为 3 000 Hz，选取异步调制方式，调节负载用发电机 M03 的功率输出，当电动机达到稳态时记录转速值，依次取点，根据所得数据在坐标纸上绘制出系统的稳态机械特性曲线。

(10) 实验完毕，首先为逆变器退电，单击"返回"按钮，返回实验选取界面。在启动界面中"历史数据观测与分析"窗口可查看前面步骤所保存的实验数据（见图 4-13）。

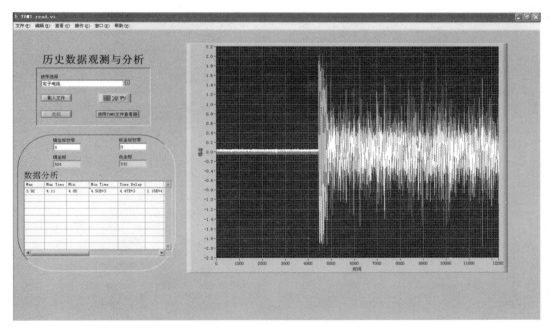

图 4-13 "历史数据观测与分析"操作界面

(11) 关闭其余各器件电源，完成实验。

五、注意事项

(1) 注意操作顺序，首先运行上位机程序，用示波器观测到正确的 PWM 波形后，再在上位机上进行观察是否有预期的调制波产生，同时进行电流校正，方可进行变频器上电操作。

(2) 在上位机中修改调制方式时，需使电动机停止旋转，完成修改后方可使电动机重新运行（空载或轻载时，可以直接修改调制方式），以防电动机波动过大，对器件造成冲击。

(3) 在设置参数时，还要注意参数间的相互影响关系，以保证系统运行状态的良好。在实验中，载波频率都应该在一定的范围内。载波频率受到 DSP 事件管理器中周期寄存器 T1PR 位数的限制，程序中载波频率必须保持在 1 500 Hz 以上。当载波频率太小、电压利用率不足时,电动机转速将降低甚至停转;电动机频率太高会影响程序的执行。实验测定载波频率 4 000 Hz 以下。当给定载波频率超出 1 500~4 000 Hz 的范围时,上位机会进行报警。在底层程序中也对载波频率进行了限制。

（4）注意为变频器供电时,需缓慢增加电源供电,以免由于上位机参数写入、读取延迟而造成的系统故障。

（5）在进行实验操作时,要注意电动机在上电以及旋转过程中的声音变化;当出现异常声音时,要及时切断变频器。

第5章 电子线路实训

电子工艺实训中会使用众多电工仪表,本章将对常用的电工仪表(万用表、示波器、信号发生器)以及电子元器件(电阻、电容、二极管、三极管)进行介绍,并简单介绍电工考证中典型的电子电路制作考核内容。

5.1 常用电工仪表

电工仪表是实现电磁测量过程中所需技术工具的总称。常用电工仪表有指示仪表、比较仪器、数字仪表和巡回检测装置、记录仪表和示波器、量程扩大装置和变换器。

常用电工仪表分类方法有多种。

(1) 按照工作原理,电工仪表分为磁电式仪表、电磁式仪表、电动式仪表和感应式仪表,如图5-1所示。

(2) 按精确度等级,电工仪表分为0.1、0.2、0.5、1.0、1.5、2.5、5.0等七级,级别越小,精确度越高。

(3) 按照测量方法,电工仪表主要分为直读式仪表和比较式仪表。直读式仪表根据仪表指针所指位置从刻度盘上直接读数,如电流表、万用表、兆欧表等。比较式仪表将被测量与已知的标准量进行比较来测量,如电桥、接地电阻测量仪等。

(4) 按仪表测量参数,电工仪表分为电流表、电压表、功率表、电度表、欧姆表、兆欧表等。

(5) 按被测物理量性质,电工仪表分为直流电表、交流电表和交直流电表。交流电表一般都是按正弦交流电的有效值标度的。

(6) 按读数方式,电工仪表分为指针式仪表、光标式仪表、数字式仪表等。

(7) 按安装方式,电工仪表分为携带式仪表和固定安装式仪表。

(8) 按仪表防护性能,电工仪表分为普通型仪表、防尘型仪表、防溅型仪表、防水型仪表、水密型仪表、气密型仪表、隔爆型仪表。

图5-1所示为常用的指示仪表结构图。

合理选择电工仪表是正确测量相关电路参数的基本要件。测量直流电路参数时,可使用磁电式仪表、电磁式仪表或电动式仪表。由于磁电式仪表的灵敏度和准确度最高,所以使用最为普遍。测量交流电路参数时,可使用电磁式仪表、电动式仪表、可感应式仪表等仪表,其中电磁式仪表应用较多。

在电工仪表使用中,还要注意仪表精度和量程的选择。其中仪表精度的选择方法为:0.1级和0.2级仪表通常用作标准仪表或在精密测量时选用;0.5级和1.0级仪表可在实验室测量中选用;1.5级、2.5级和5.0级仪表可在一般工程测量中选用。

在选择仪表量程时注意以下几点:尽量使用标尺的1/2~2/3;尽量避免使用标尺的前1/4段;要保证仪表的量程大于被测量的最大值。

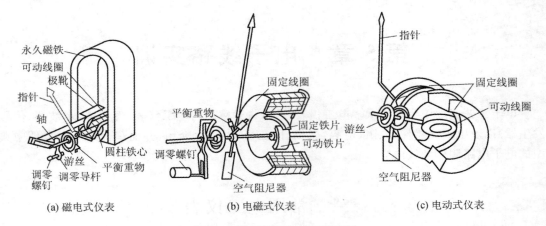

图 5-1 常用的指示仪表结构图

为了使仪表接入测量电路后不至于改变原来电路的工作状态,电流表或功率表的电流线圈内阻应尽量小,且量程越大,内阻越小;电压表或功率表的电压线圈内阻应尽量大,且量程越大,内阻越大。

下面介绍几种常用电工仪表的使用方法。

1. MF500 型万用表及其使用

MF500 型万用表是一种指针式万用表,在结构上由三部分组成:指示部分(表头)、测量电路、转换装置。如图 5-2 所示。指示部分通常由磁电式直流微安表(个别为毫安表)组成。测量电路的主要作用是把被测对象电参量转变成适合于表头指示用的电量。转换装置通常由选择(转换)开关、接线柱、按钮、插孔等组成。

万用表重要性能指标之一是灵敏度。表头灵敏度是指表头指针由零刻度偏转到满刻度时动圈中通过的电流值。灵敏度愈高,对电工电子电路的测量准确度就愈高。一般来说该类型万用表内附电池通常采用两块:一块电压为 1.5 V 的低电压;另一块电压是 9 V 或 15 V 的高电压。其黑表笔所接是表内电池正极,而红表笔所接是表内电池负极。

该万用表的功能包括:① 测量直流电流,量程(mA)为 0~1,0~10,0~100,0~500;② 测量直流电压,量程(V)为 0~2.5,0~10,0~50,0~250,0~500,0~2 500;③ 测量交流电压,量程(V)为 0~10,0~50,0~250,0~500,0~2 500。电阻测量时则要按挡位值和倍数的乘积来读数,其挡位值包括 1 Ω、10 Ω、100 Ω、1 kΩ、10 kΩ,倍数包括 1 倍、10 倍、100 倍、1 000 倍、10 000 倍,组合起来可以测量各种不同阻值的电阻。

在指针式万用表中,直流量用符号"—"或"DC"表示;交流量用符号"~"或"AC"表示。该万用表可以测量交、直流电压,交、直流电流,电阻,以及二极管、三极管等。

(1) 直流电压测量:把万用表并联在被测电路中,在测量直流电压时,要注意被测点电压极性,应把红表笔接电压高的一端,把黑表笔接电压低的一端。

(2) 交流电压测量:在测量交流电压时,不必考虑测量对象极性问题,选择合适量程后,只要将万用表并接在被测电路两端即可。

(3) 直流电流测量:把万用表串接在被测电路中,同时注意电流的方向,即红表笔接电流流入的一端,把黑表笔接电流流出的一端。

(4) 交流电流测量:在测量交流电流时,不必考虑电流方向问题,将万用表串接在被测负载电路中即可。

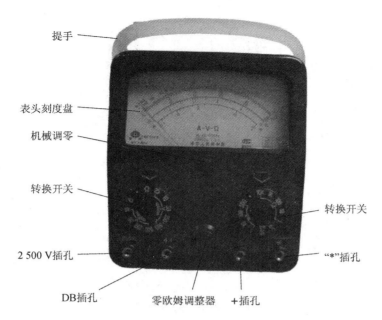

图 5-2 万用表及其表面接口

以上几种测量对象的读数数值方法是：实际值＝挡位值/格数×指示值。

在电阻测量中，首先选择电阻挡量程包括：R×1 Ω、R×10 Ω、R×100 Ω、R×1 kΩ、R×10 kΩ。转换开关至所需电阻挡位，将测试表笔短接，观察指针是否指在零刻度线上；若不在，应调整零欧姆调节电位器，使指针指在零欧姆刻度线上，然后分开测试表笔进行电阻测量。

电阻测量的读数方法为：实际值＝挡位值×指示值。

2. 数字式万用表及其使用

数字式万用表是一种多用途电子测量仪器，一般可作为安培计、电压表、欧姆计等使用，现在常采用 LCD 或真空荧光显示器（vacuum fluorescent display，VFD）进行读数显示。某型号数字式万用表如图 5-3 所示。

使用数字式万用表可对多种电气、电路参数进行测量（虽然不同型号的万用表在使用上略有区别，但大体相似），一般测量方法如下所述。

1) 电容的测量

数字万用表的左下方，有两个标识为"Cx"的插孔，它们即为电容测试插孔。将量程开关转至 2 000 pF～20 μF 之间相应的 Cx 量程挡上，将被测电容可靠地跨接在插孔两端。所测对象的电容值就显示在屏幕上。

2) 三极管测量

在数字万用表的右上方，有个圆形 8 孔眼、标识分别为"PNP"和"NPN"的插孔，它们即为测试插孔。先用二极管挡，判别三极管的"b"极和三极管的类型；再根据所测晶体管（PNP或 NPN）的型号，将被测三极管的 E、B、C 可靠地插在对应插座的三个孔中，三极管的电流放大倍数即可显示在屏幕上。

3) 二极管测量

红表棒（＋）接在 V/Ω 端口，黑表棒（－）接在 COM 端口，测试表笔跨接在被测二极管上，读数如在 0.1～0.3 之间，此管为锗管；读数如在 0.5～0.7 之间，此管为硅管。

图 5-3 数字式万用表

4）电阻测量

红表棒（+）接在 V/Ω 端口，黑表棒（-）接在 COM 端口，红、黑表笔跨接在被测电阻两端，此时电阻值显示在屏幕上。

5）测直流电压

红表棒（+）接在 V/Ω 端口，黑表棒（-）接在 COM 端口，将量程开关转至 200 mV～1 000 V 之间相应的 V—量程挡上，测试表笔跨接在被测电路上。红表笔所接之点的电压与极性显示在屏幕上。

6）测交流电压

红表棒（+）接在 V/Ω 端口，黑表棒（-）接在 COM 端口，将量程开关转至 2～750 V 之间相应的 V～量程，测试表笔并联在被测电路上。表笔所接之点的电压显示在屏幕上。被测电压切勿超过 750 V（交流）。

7）测直流电流

红表棒（+）接在 mA/μA 端，黑表棒（-）接在 COM 端口，测试表笔串接在被测电路中。如果被测电流较小，选用 mA 端口，选择相应量程，单位为 mA。如果被测电流较大，选用 20 A 端口，单位为 A。

8）测交流电流

红表棒（+）接在 20 A 端口，黑表棒（-）接在 COM 端口，测试表笔串接在被测电路中。

3. 示波器

示波器全名为阴极射线示波器，是观察和测量电信号的一种电子仪器。一切可以转化为电压的其他电量（如电流、电功率、阻抗、位相等）和非电量（温度、位移、压强、磁场、频率等）以及它们随时间的变化过程，都可以用示波器来进行实时观察。图 5-4 所示为某型号示波器。一般来说，示波器包括以下组成部分。

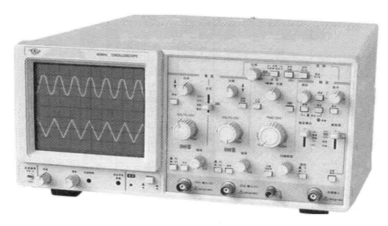

图 5-4　某型号示波器

(1) 荧光屏:荧光屏是示波器的显示部分。屏上水平方向和垂直方向各有多条刻度线,指示出信号波形的电压和时间之间的关系。水平方向的刻度线指示时间,垂直方向的刻度线指示电压。水平方向的刻度线分为 10 格,垂直方向的刻度线分为 8 格,每格又分为 5 小格。

(2) 电源开关:示波器主电源开关。当按下此开关时,电源指示灯亮,表示电源接通。

(3) 辉度旋钮:旋转此旋钮能改变光点和扫描线的亮度。观察低频信号时辉度可小些,观察高频信号时辉度可大些。光点和扫描线一般不应太亮,以保护荧光屏。

(4) 聚焦旋钮:用于调整光点或波形清晰度,即聚焦旋钮可调节电子束截面大小,将扫描线聚焦到最清晰状态。

(5) 标准信号输出端:1 kHz、1 V 方波校准信号由该端引出。加到 Y 轴输入端,用以校准 Y 轴输入灵敏度和 X 轴扫描速度。

(6) 通道 1:通道 1(CH1)为垂直放大器信号输入 BNC 插孔。当示波器工作于 X-Y 模式时作为 X 信号的输入端。

(7) 通道 2:通道 2(CH2)为垂直放大器信号输入 BNC 插孔。当示波器工作于 X-Y 模式时作为 Y 信号的输入端。选择"地"时,扫描线显示出"示波器地"在荧光屏上的位置。

(8) 垂直轴电压灵敏度切换、阶梯衰减器开关,分十个挡位。

(9) 扫描速度切换开关,可同时控制 CH1 或 CH2 通道,共 19 挡,可在 0.2 μs/div~0.2 s/div 范围选择扫描速率。如 2 ms,代表每横格是 2 ms。当置于 X-Y 位置时,示波器采用 X-Y 工作方式。CH1 为 X 信号通道,CH2 为 Y 信号通道。

电压测量的最基本方法是计算在示波器垂直刻度上波形跨距的分割数目。调整信号使其在垂直方向上覆盖大部分屏幕,会得到最佳电压。测量所使用的屏幕区域越大,从屏幕上所读取的值就越精确,如图 5-5 所示。调节 CH1 灵敏度选择开关"VOLTS/DIV",使屏幕上显示的波形幅度适中;若波形不稳定,可调节"触发电平"旋钮,使波形稳定。被测信号的峰值=CH1 灵敏度选择开关指示的标称值×被测信号的输出波形在 Y 轴方向上对应的格数。

测量交流信号的周期的方法:对于周期性的被测信号,只要测定一个完整周期 $T(s)$ 即可,频率(Hz)$f=1/T$。调节扫描速度切换开关(TIME/DIV),使波形的周期显示值尽可能大;读取波形一个周期所占格数及扫描速度 TIMES/DIV,则被测信号的周期 $T=$ 波形一个周期所占格数×扫描速度切换开关(TIME/DIV)指示值($f=1/T$(Hz))。

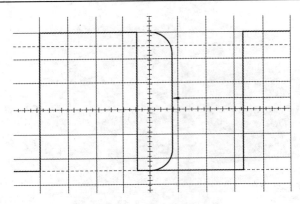

图 5-5　示波器电压测量示意图

4. 信号发生器

信号发生器又称信号源或振荡器,在生产实践和科技领域中有着广泛的应用。能够产生多种波形,如三角波、锯齿波、矩形波(含方波)、正弦波的仪器被称为函数信号发生器。函数信号发生器在电路实验和设备检测中具有十分广泛的用途。图 5-6 所示为某型号信号发生器。在通信、广播、电视系统中,都需要射频(高频)发射(此处射频波就是载波),把音频(低频)、视频信号或脉冲信号运载出去,需要能够产生高频的振荡器。在工业、农业、生物医学等领域内,如高频感应加热、熔炼、淬火、超声诊断、核磁共振成像等,都需要功率或大或小、频率或高或低的振荡器。

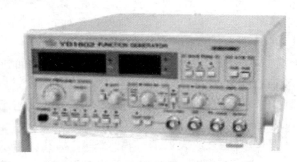

图 5-6　某型号信号发生器

一般来说,信号发生器包括以下组成部分。

(1) 电源开关(POWER):电源开关弹出时为"关"位置;将电源线接入,按下电源开关,即可接通电源。

(2) LED 显示窗口:此窗口指示输出信号的频率。将"外测"开关按入时,显示外测信号的频率。如超出测量范围,溢出指示灯亮。

(3) 频率调节旋钮(FREQUENCY):调节此旋钮可改变输出信号频率,微调旋钮可微调频率。

(4) 占空比(DUTY)开关和旋钮:将占空比开关按入,占空比指示灯亮;调节占空比旋钮,可改变波形的占空比。

(5) 波形选择开关(WAVE FORM):按对应波形的某一键,可选择需要的波形。

(6) 电压输出衰减开关(ATTE):二挡开关组合为 20 dB、40 dB、60 dB。

(7) 频率范围选择开关(频率计闸门开关):根据所需要的频率,按其中一键即可选择频率范围。

(8) 计数键和复位开关:按计数键,LED 显示开始计数;按复位键,LED 显示全为 0。

(9) 计数/频率端口:计数、外测频率输入端口。

(10) 外测频率开关:按入此开关,LED 显示窗显示外测信号频率或计数值。

(11) 电平调节开关:按入此开关,电平指示灯亮;此时调节电平调节旋钮,可改变直流偏置电平。

(12) 幅度调节旋钮(AMPLITUDE):顺时针调节此旋钮,可增大电压输出幅度;逆时针调节此旋钮,可减小电压输出幅度。

(13) 电压输出端口(VOLTAGE OUT):由此端口输出电压输出信号。

(14) TTL/CMOS 输出端口:由此端口输出 TTL/CMOS 信号。

(15) VCF 端口:由此端口输入电压控制频率。

(16) 扫频开关:按入此开关,电压输出端口输出信号为扫频信号。调节速率旋钮,可改变扫频速率。调整线性/对数开关,可产生线性扫频和对数扫频。

(17) 电压输出指示 LED:3 位 LED 显示输出电压值,输出接 50Ω 负载时应将读数除以 2。

(18) 50 Hz 正弦波输出端口:50 Hz 正弦波由此端口输出。

限于篇幅,本模块仅仅介绍了部分功能,实际操作可以参照功能表或者对照使用说明进行。

5.2 电子线路焊接

5.2.1 常用电子元器件

1) 电阻器

电阻器是一种限流元件。将电阻接在电路中后,可限制通过它所连支路的电流大小。固定电阻器的电阻阻值不能改变,可变电阻器的电阻阻值可变。理想的电阻器是线性的,即通过电阻器的瞬时电流与外加瞬时电压成正比。电阻器常用标志法有直标法、文字符号法和色标法。其功率包括 1/8 W、1/4 W、1/2 W、1 W、2 W、5 W、10 W 等多种。

阻值标注主要采用色标法,色环电阻常见有三环、四环和五环三种标法,末位代表电阻的精度值,如图 5-7 所示。

2) 电容器

电容器是一种容纳电荷的器件,是电子设备中大量使用的电子元件之一,广泛应用于电路中。电容器具有隔直通交、耦合、旁路、滤波、调谐回路、能量转换、控制等功能。电容器有时候定义为任何两个彼此绝缘且相隔很近的导体。电容符号为 C,单位是 F(法拉),常用单位有 mF、μF、nF、pF 等。常见电容如图 5-8 所示。

3) 二极管

二极管是一种具有两个电极的电子元件,只允许电流由单一方向流过,许多电路应用了其整流的功能。常用整流二极管型号为 IN4001~IN4007;稳压二极管型号有 IN4733、IN4740;而发光二极管型号则是 $\phi1$、$\phi3$、$\phi5$ 等。图 5-9 所示为部分常见二极管。

4) 三极管

三极管是一种控制电流的半导体器件,可用来把微弱信号放大,也被用作无触点开关。

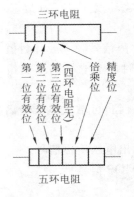 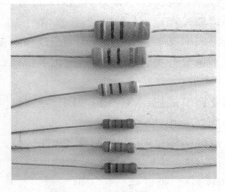

(a) 色环电阻　　　　　　　　　　　(b) 常见色环电阻

颜色	银	金	黑	棕	红	橙	黄	绿	蓝	紫	灰	白
有效数			0	1	2	3	4	5	6	7	8	9
倍乘位	10^{-2}	10^{-1}	10^{0}	10^{1}	10^{2}	10^{3}	10^{4}	10^{5}	10^{6}	10^{7}	10^{8}	10^{9}
精度位	±10%	±5%	±10%	±1%	±2%			±0.5%	±0.25%	±0.1%		±5%, −20%

(c) 阻值及其对应颜色

图 5-7　电阻相关图系

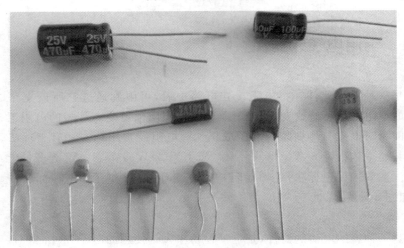

图 5-8　常见电容器

晶体三极管是半导体基本元器件之一,是电子电路的核心元件。9011/9012 的三极管引脚判断方法为:型号朝自己,引脚朝下,从左到右依次为引脚 e、b、c。3DG6 的三极管引脚判断方法为:引脚朝自己,标记朝 12 点方向,从 12 点起,顺时针依次为引脚 e、b、c。图 5-10 所示为常用的三极管。

5) 单结晶体管

单结晶体管(见图 5-11)又称双基极二极管,是一种只有一个 PN 结和两个电阻接触电极的半导体器件,基片为条状的高阻 N 型硅片,两端分别用欧姆接触引出两个基极 b_1 和 b_2。单结晶体管常见型号有 BT31、BT33、BT35 等。

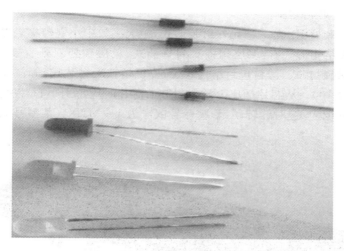

图 5-9　常见二极管

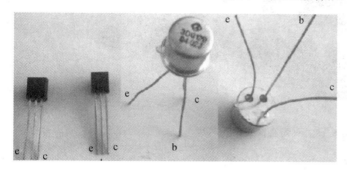

图 5-10　常用三极管

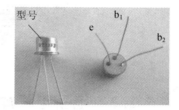

图 5-11　单结晶体管

6）三端集成稳压器

三端集成稳压器（见图 5-12）是一种稳压用的集成电路。它有三个引脚，分别是输入端、接地端和输出端。稳压器的外形与普通的三极管相似，采用 TO-220 标准封装形式，也有采用类似 9013 的 TO-92 封装方式的。根据输出电压是否可以调节，稳压器可分成以下几种：

① 固定式输出正电压 78 系列，如 7805、7809 等；
② 负电压 79 系列，如 7905、7909 等；
③ 可调式输出正电压 317 系列，其输出为 +1.2～+17 V；
④ 输出负电压 337 系列，其输出为 -1.2～-17 V。

图 5-12　三端集成稳压器

7) 双列直插式集成芯片

双列直插式封装（DIP）是一种元件封装形式，绝大多数中小规模集成电路均采用这种封装形式。DIP 封装结构形式有：多层陶瓷双列直插式、单层陶瓷双列直插式、引线框架双列直插式（含玻璃陶瓷封接式、塑料包封结构式、陶瓷低熔玻璃封装式）等。双列直插式芯片的引脚数一般不超过 100。从芯片插座上插拔封装的芯片时应特别小心，以免损坏管脚。管脚标号从芯片缺口标记起，逆时针转动，管脚标号依次为 1～MAX。某型号双列直插式集成芯片如图 5-13 所示。

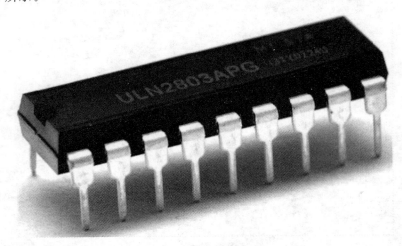

图 5-13 双列直插式集成芯片

5.2.2 电子电路焊接

电子电路的焊接、组装与调试在电子工程技术中占有重要位置。任何一个电子产品都是由设计、打样、焊接、组装、调试等主要环节形成的，其中焊接是保证电子产品质量和可靠性的基本环节之一。

1. 电烙铁

常用的手工焊接工具是电烙铁。电烙铁的作用是加热焊料和被焊金属，使熔融的焊料润湿被焊金属表面并生成合金。常见电烙铁有直热式电烙铁、感应式电烙铁、调温及恒温式电烙铁、吸锡式电烙铁等，其中直热式电烙铁结构如图 5-14 所示。

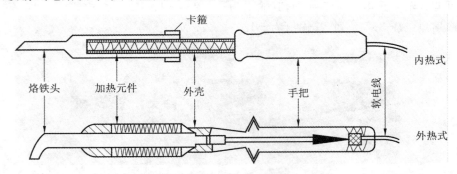

图 5-14 直热式电烙铁结构示意图

用电烙铁加热被焊工件时，烙铁头上一定要沾有适量的焊锡，为使电烙铁传热迅速，要用烙铁的侧平面接触被焊工件表面，同时应尽量使烙铁头同时接触印制电路板上的焊盘和元器件引线。焊盘较大时可移动烙铁,即烙铁绕焊盘转动,以免长时间停留在一点,导致局部过热,如图 5-15 所示。

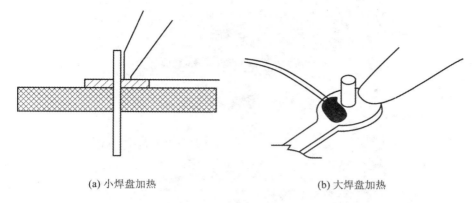

(a) 小焊盘加热　　　　　　(b) 大焊盘加热

图 5-15　电烙铁对焊盘加热

2. 助焊剂

金属表面同空气接触后都会生成一层氧化膜,这层氧化膜会阻止焊锡对金属的润湿作用,犹如玻璃沾上油就会使水不能润湿一样。焊剂是用于清除金属上氧化膜的一种专用材料。当温度在 70 ℃ 以上时,助焊剂中的氯化物、酸类会同金属氧化膜中的氧化物发生还原反应,从而除去氧化膜,反应后的生成物变成悬浮的渣,漂浮在焊料表面。

3. 焊接步骤

(1) 准备施焊:准备好焊锡丝和烙铁,使烙铁头部保持干净,以便沾上焊锡,俗称吃锡。

(2) 加热焊件:将电烙铁接触焊接点,用电烙铁加热焊件各部分,烙铁头的侧面或边缘部分接触热容量较小的焊件,以保持焊件均匀受热。

(3) 熔化焊料:将焊件加热到能熔化焊料的温度后将焊丝置于焊点,焊料开始熔化并润湿焊点。

(4) 移开焊锡:在熔化一定量的焊锡后将焊锡丝移开。

(5) 移开烙铁:当焊锡完全润湿焊点后移开电烙铁,电烙铁应该大致沿与焊盘平面夹角成 45°的方向移动。

以上五步有普遍意义,是掌握手工烙铁焊接的基本方法。在各步骤之间停留的时间对保证焊接质量至关重要,通过反复实践才能逐步掌握其中的诀窍。

4. 印制电路板

印制电路板可分为单面板、双面板与多层板。

(1) 单面板:元器件集中在其中一面,导线则集中在另一面上。单面板在设计线路上有许多严格的限制,因而只有早期的电路或简单的电路才使用。

(2) 双面板:其两面都有布线。不过,若要用上两面的导线,则在两面之间要有适当的电路连接才行。这种电路间的"桥梁"称为过孔。过孔是印制电路板上充满金属或涂有金属的小洞。因为双面板的布线面积比单面板大了一倍,而且其布线可以互相交错(即绕到另一面),所以它更适合用在比单面板复杂的电路上,如图 5-16 所示。

(3) 多层板:为了增加可以布线的面积,多层板使用了更多单(或双)面的布线板。

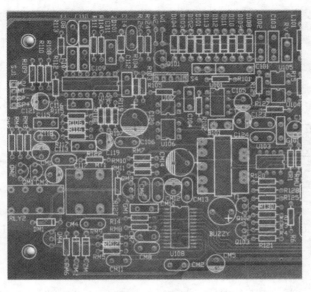

图 5-16 双面板

5.3 电子电路之单结晶体管调光电路制作

维修电工的电子电路考核参照表如表 5-1 所示,该表配分为 100 分,根据实际考评情况可进行适当系数调整。

表 5-1 电子电路考核参照表

准考证号		姓名		时限	60 分钟	实用工时	
序号	主要内容	考核要求	评分标准		配分	扣分	得分
1	选择测量元器件并安装	熟练自主选择电子元件,根据给出的电路图,按电气规范完成安装,能够利用万用表、示波器等工具测量	1. 不会熟练利用测量工具扣 10 分,元器件选择错误扣 5 分; 2. 线路连接错 1 处扣 5 分,扣完为止; 3. 线路不规范扣 10 分		40		
2	简述原理	正确简述电子线路的工作原理,完成电路分析	1. 简述原理时,实质错误 1 处扣 5 分,1 处不完整扣 5 分; 2. 简述原理错误扣 5 分,扣完为止		25		
3	数据测量记录	按要求测量并记录各点数据、图形	1. 测量的数据不合格扣 5 分; 2. 测量的图形不合格扣 5 分,扣完为止		35		
			合计		100		
备注			考评员签字:			年 月 日	

根据给定电路(见图 5-17),选择适当元器件,焊接电路,并完成下面任务。

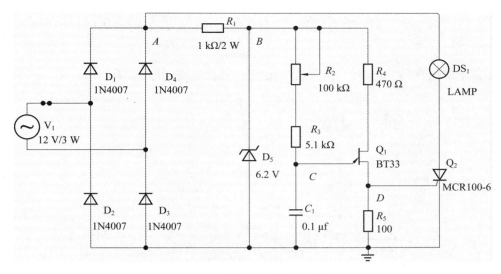

图 5-17 单结晶体管调光电路

(1) 在电路中灯亮的情况下测量以下各点的对地电压:A、B、C、D。
(2) 用示波器实测并画出单结晶体管调光电路的各点波形图,在图 5-18 中标出波形峰值。

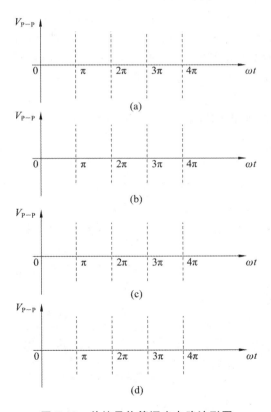

图 5-18 单结晶体管调光电路波形图
(a) 点 A 波形;(b) 点 B 波形;(c) 点 C 波形;(d) 点 D 波形

(3) 简述电路工作原理。

5.4 电子电路之 RC 阻容放大电路制作

根据给定电路(见图 5-19),选择适当元器件,焊接电路,并完成下面任务。

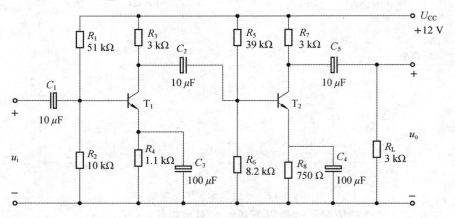

图 5-19 RC 阻容放大电路

注意通电调试操作步骤:将直流电源 12 V 加到 RC 阻容放大电路板的右侧(注意电源极性)。用万用表直流电压挡测试 V_1 和 V_2 各点的静态电压,并记录在答题纸上。将函数信号发生器的信号调制成 1 kHz、30 mV 左右的正弦信号,然后输出到 RC 阻容放大电路板的左侧 u_i 端。用示波器测试 u_i 端、V_{1C} 和负载电阻 R_L 上端的正弦波形,并记录在答题纸上。

(1) 测三极管 T_1、T_2 的静态电压

$U_{V_{1C}} = $ _____, $U_{V_{1E}} = $ _____, $U_{V_{2C}} = $ _____, $U_{V_{2E}} = $ _____

(2) 用示波器实测并画出 RC 阻容放大电路各点波形图(见图 5-20)。

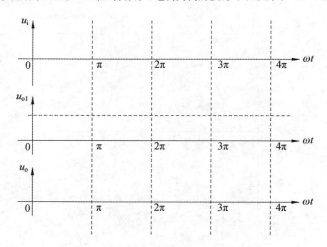

图 5-20 RC 阻容放大电路各点波形

(3) 叙述本电路工作原理。

5.5 电子电路之触摸延时照明电路制作

根据给定电路(见图 5-21),选择适当元器件,焊接电路,并完成下面任务。

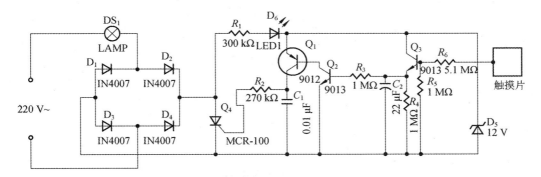

图 5-21 触摸式延时照明电路

(1) 测三极管 Q_1、Q_3 的静态电压。
$U_{Q1C}=$ _____ ,$U_{Q1E}=$ _____ ,$U_{Q3C}=$ _____ ,$U_{Q3E}=$ _____
(2) 画出触摸片触摸前后的部分点波形(见图 5-22)。

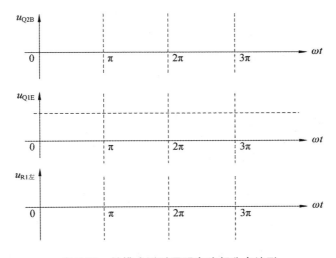

图 5-22 触摸式延时照明电路部分点波形

(3) 阐述电路工作原理。

5.6 电子电路之不可重触发电路制作

根据给定电路(见图 5-23),选择适当元器件,焊接电路,并完成下面任务。
(1) 按图 5-23 所示电路连接线路,在输入端送入频率为 500 Hz、峰峰值为 5 V 的方波,观察输出波形,把点 A、B、C 的波形绘入图 5-24 所示坐标上(注意时序)。

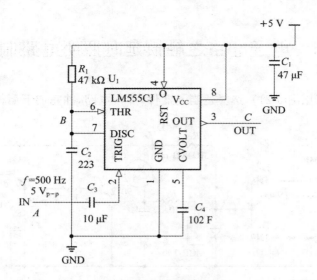

图 5-23 不可重触发电路

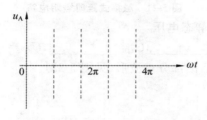

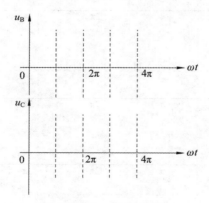

图 5-24 指定点波形图

(2) 测量各点对地电压。

$U_A=$ _____ ,$U_B=$ _____ ,$U_C=$ _____ 。

(3) 阐述电路工作原理。

5.7 电子电路之桥式振荡电路制作

根据给定电路(见图 5-25),选择适当元器件,焊接电路,并完成下面任务。

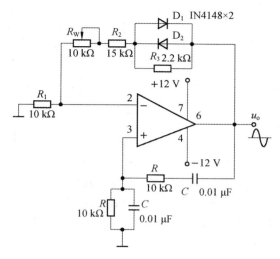

图 5-25 桥式振荡电路

(1) 测运放引脚电压。

$U_2 = $ _____ , $U_3 = $ _____ , $U_{6C} = $ _____

(2) 用示波器实测并画出桥式振荡电路各点波形图。

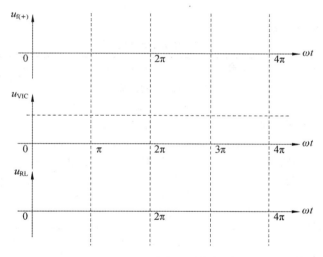

图 5-26 桥式振荡电路波形

(3) 阐述电路工作原理。

5.8　电子电路之晶体管稳压电路制作

根据给定电路(见图 5-27),选择适当元器件,焊接电路,并完成下面任务。

(1) 根据输出直流电压值 10 V,调节电路板右侧的 R_P 电位器,同时用万用表测量输出端电压(灯的两端),使电路板输出直流电压值满足考评员老师所给值的要求。当输出电压调到 10 V 后,用万用表直流电压挡分别测量点 A、点 B、点 C 的电压。

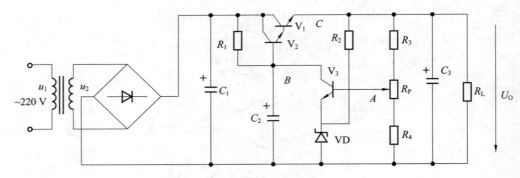

图 5-27 晶体管稳压电路

(2) 当输入电压为 12 V 时,测输出电压的调节范围,并记录。

(3) 当输入电压变化(±10%)、输出负载不变时,输出电压基本不变。

(4) 简要阐述电路工作原理。

5.9 ISD1820 电源电路设计

电路设计评分表参见表 5-2。

表 5-2 电路设计评分表

序号	主要内容	考核要求	评分标准	配分	扣分	得分
1	选择测量元器件并安装	利用万用表等测量工具测量电子元件,然后按给出的电路图按电气规范安装完成	1. 不会熟练利用测量工具 1 处扣 5 分,元器件选择错误 1 处扣 5 分; 2. 线路连接错 1 处扣 5 分; 3. 线路不规范 1 处扣 5 分	60		
2	简述原理	正确简述电子线路的工作原理	1. 简述原理实质错误 1 处扣 5 分; 2. 简述原理 1 处不完整扣 2 分	20		
3	电路模块设计及测量	按要求设计电路并记录各点数据图形	1. 设计的电路不合格扣 5 分; 2. 测量的图形不合格 1 处扣 5 分	20		
备注			合计			
			考评员签字:		年 月 日	

考核说明:本考核项目占总比分 20%,考核时限 60 分钟,不得延时。

(1) 按照图 5-28 所示电路连接线路。

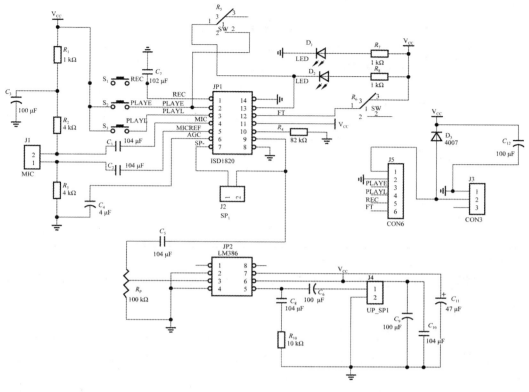

图 5-28　ISD 1820 电源电路

(2) 简述电子线路的工作原理。

(3) 简单设计一个 9～12 V(DC)转 5 V(DC)电源模块(模块中必须有电源指示灯),并写出 $R=1$ kΩ 电阻各环的颜色(环数自选),测量并画出电源转换前后的波形。

5.10　555 延时电路设计

电路设计评分表参见表 5-3。

表 5-3　电路设计评分表

序号	主要内容	考核要求	评分标准	配分	扣分	得分
1	选择测量元器件并安装	利用万用表等测量工具测量电子元件,然后根据给出的电路图按电气规范安装完成	1. 不会熟练利用测量工具 1 处扣 5 分,元器件选择错误 1 处扣 5 分; 2. 线路连接错 1 处扣 5 分; 3. 线路不规范 1 处扣 5 分	60		

续表

序号	主要内容	考核要求	评分标准	配分	扣分	得分
2	简述原理	简述电子线路的工作原理正确无误	1. 简述原理实质错误1处扣5分； 2. 简述原理1处不完整扣2分	10		
3	数据测量记录	按要求测量并记录各点数据图形	1. 测量的数据不合格扣5分； 2. 测量的图形不合格1处扣5分	30		
备注			合计			
			考评员签字：		年 月 日	

考核说明：本考核项目占总比分20%，考核时限60分钟，不得延时。

(1) 按图5-29所示电路连接线路，在输入端送入12 V直流电压，观察输出波形完成以下任务。

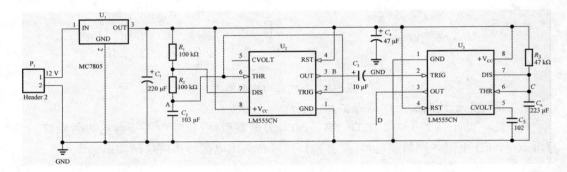

图5-29　555延时电路

(2) 简述电路图的工作原理。

(3) 作图完成。把点 A、点 B、点 C、点 D 的波形绘入下边坐标上（注意相序），标出波形峰值电压，并用万用表测量各点对地电压 V_A、V_B、V_C、V_D。

第 6 章 电力电子技术课程设计

计算机仿真具有效率高、精度高、可靠性高和成本低等特点,已经广泛应用于电力电子电路(或系统)的分析和设计中。计算机仿真不仅可以取代许多繁琐的人工分析,减轻劳动强度,提高分析和设计能力,避免解析法在近似处理中带来的较大误差,还可以与实物试制和调试相互补充,最大限度地降低设计成本,缩短系统研制周期。可以说,电力电子电路的计算机仿真大大加速了电路的设计和试验过程。在电力电子技术课程设计中进行计算机仿真,学生可以初步认识计算机仿真的优势,并掌握计算机仿真的基本方法。

6.1 电力电子技术课程设计的目的和要求

1. 电力电子技术课程设计的性质和目的

电力电子技术课程设计是电气、船电专业的必修实践性环节,通过课程设计可以达到以下目的:

(1) 培养学生综合运用知识解决问题的能力与实际动手能力;

(2) 加深理解"电力电子技术"课程的基本理论;

(3) 初步掌握电力电子电路的设计方法;

(4) 掌握对设计的电路进行计算机仿真的方法。

2. 电力电子课程设计内容

(1) 制订设计方案;

(2) 主电路设计及主电路元件选择;

(3) 驱动电路和保护电路设计及参数计算;

(4) 绘制电路原理图;

(5) 总体电路原理图及其说明。

3. 仿真任务要求

(1) 熟悉 Matlab/Simulink/Powerlib 中的仿真模块用法及功能。

(2) 根据设计电路搭建仿真模型。

(3) 设置参数并进行仿真,具体如下。

① 设计的题目若为晶闸管整流,要求给出不同触发角时对应负载电压电流的波形、电力电子器件压电流的波形;

② 设计的题目若为有源逆变,要求给出不同逆变角时对应负载电压电流的波形、电力电子器件电压电流的波形;

③ 设计的题目若为降压、升压或升降压斩波,要求给出不同占空比时对应负载电压电流的波形;

④ 设计的题目若为无源逆变,要求给出对应频率电压电流的波形;

⑤ 设计的题目若为交流调压,要求给出不同触发角时对应电压电流的波形;

⑥ 设计的题目若为交交变频，要求给出对应频率电压电流的波形。

6.2 电力电子技术课程设计选题

1. 单相桥式全控晶闸管整流电路的设计（反电势电阻负载、电感极大的反电势阻感负载）

设计条件如下。

(1) 电源电压：交流 220 V/50 Hz。

(2) 最大输出功率：500 W。

(3) 反电势：$E=70$ V。

(4) 移相范围 $\delta \sim (180°-\delta)$（$\delta = \arcsin[E/(\sqrt{2}U_2)]$，反电势电阻负载），移相范围 $0°\sim 90°$（电感极大的反电势阻感负载）。

2. 三相桥式晶闸管整流电路设计（纯电阻负载、电感极大的阻感负载）

设计条件如下。

(1) 三相电源相电压：交流 220 V/50 Hz。

(2) 最大输出功率：500 W。

(3) 移相范围 $0°\sim 120°$（纯电阻负载），移相范围 $0°\sim 90°$（电感极大的阻感负载）。

3. 三相桥式晶闸管有源逆变电路设计（反电势阻感负载）

设计条件如下。

(1) 电源电压：交流 50 V/50 Hz。

(2) 逆变功率：200 W。

(3) 反电势：$E=70$ V。

(4) 逆变角：$\beta = 30°, 45°, 60°, 90°$。

4. 单相桥式 PWM 控制（双极性调制）逆变电路设计（纯电阻负载）

设计条件如下。

(1) 输入直流电压：$U_d = 100$ V。

(2) 最大输出功率：300 W。

(3) 输出 100 Hz 和 500 Hz 电压波形。

5. 单相桥式 PWM 控制（滞环跟踪控制）逆变电路设计（纯电阻负载）

设计条件如下。

(1) 输入直流电压：$U_d = 100$ V。

(2) 最大输出功率：300 W。

参 考 文 献

[1] 石新春,杨京燕,王毅.电力电子技术[M].北京:中国电力出版社,2006.
[2] 曹丰文,刘振来,祁春清.电力电子技术基础[M].北京:中国电力出版,2007.
[3] 汤建新,马皓.电力电子技术实验教程[M].北京:机械工业出版社,2007.
[4] 莫正康.电力电子应用技术[M].3版.北京:机械工业出版社,2011.
[5] 王文郁,石玉.电力电子技术应用电路[M].北京:机械工业出版社,2001.
[6] 浣喜明,姚为正.电力电子技术[M].2版.北京:高等教育出版社,2004.
[7] 康华光.电子技术基础 模拟部分[M].5版.北京:高等教育出版社,2008.
[8] 王继涛.电工培训[M].北京:经济日报出版社,2015.
[9] 黄宗放,徐兰玲.维修电工[M].北京:电子工业出版社,2013.
[10] 人力资源和社会保障部教材办公室.职业技能鉴定指导:维修电工(高级)[M].北京:中国劳动社会保障出版社,2015.
[11] 浙江省人力资源和社会保障厅.浙江省职业技能鉴定中心:维修电工(高级)[M].杭州:浙江科学技术出版社,2017.